极简中国内衣史

黄强 著

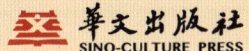

图书在版编目（CIP）数据

极简中国内衣史 / 黄强著. -- 北京 : 华文出版社, 2025. 6. -- ISBN 978-7-5075-6165-4

Ⅰ. TS941.713-092

中国国家版本馆CIP数据核字第2025K72F00号

极简中国内衣史

著　　　者	黄　强
责任编辑	潘　婕
出版发行	华文出版社
地　　　址	北京市西城区广外大街305号8区2号楼
邮政编码	100055
网　　　址	http://www.hwcbs.cn
电　　　话	编辑部 010-63429159
	总编室 010-58336239　发行部 010-58336202
经　　　销	新华书店
制　　　版	北京禾风雅艺文化发展有限公司
印　　　刷	北京新华印刷有限公司
开　　　本	710mm×1000mm　1/16
印　　　张	17.5
字　　　数	250千字
版　　　次	2025年6月第1版
印　　　次	2025年6月第1次印刷
标准书号	ISBN 978-7-5075-6165-4
定　　　价	69.00元

版权所有，侵权必究

序

高春明
著名服饰史学家，上海市非物质文化遗产保护中心主任、研究员

内衣在古代被称为"亵衣"，因为是人们贴身穿的衣服，平时不能轻易示人，故以"亵"字冠名。

中国古代先民穿着亵衣的历史很早，我们从先秦时期的文献中已见这方面记载。如《礼记·檀弓》所记："季康子之母死，陈亵衣。敬姜曰：'妇人不饰，不敢见舅姑，将有四方之宾来，亵衣何为陈于斯？'命彻（撤）之。"除了"亵衣"，古代男女的贴身内衣还有许多异称，如衵（rì，贴身内衣）服、汗衣、鄙袒、羞袒、心衣、抱腹、帕腹、帕（pà，头巾）腹、圆腰、缠弦、腰巾、宝袜、诃子、小衫、抹胸、抹腹、袜肚、袜裙、腰巾、齐裆、襕裙、肚兜、小马甲等，散见于各种野史、笔记及诗文之中。

由于是一种"亵衣"，所以一直受到人们的鄙视，长期以来，很少有人对这种服装进行系统的研究，更少有人将其放入中国文化的大背景中作学术考察。20世纪70年代，我和周汛教授编撰《中国历代妇女妆饰》时，曾辟出一节，专门讨论妇女内衣的演变历史，并绘制出"历代亵衣沿革图表"。是书在20世纪80年代经香港三联书店出版后，引起学术界较大反响。其中有关内衣的章节被多种报刊转载援引。美籍华人靳羽西女士还将我们绘制的"历代亵衣沿革图表"收入她主编的著作之中。中国台湾一家著名的内衣公司甚至将"图表"中的内衣复原成实物，在世界各地展出。"热闹"的

背后鲜有人知,当年我和周汛教授做这个专题时,是处于怎样的人文环境——为了查阅清宫旧藏的《燕寝怡情》图册,我们手持的介绍信上,至少盖了十个公章。为了翻拍几幅《金瓶梅词话》插图,还必须征得市公安局的许可。

改革开放以后,学术环境空前宽松,我们在多年积累的基础上,陆续出版了一批服饰史专著及工具书,如《中国传统服饰形制史》《中国服饰名物考》《中国衣冠服饰大辞典》等,这些著作中都涉及古代内衣方面的内容。但囿于精力,我们一直没有将内衣方面的内容单独编撰成书。

去年岁末,收到黄强先生的电子邮件,得知他积十年精力,编撰成《内衣的艺术世界》(编者注:本书初版名)一书,洋洋洒洒,十数万言。从上古时期的蔽膝,一直谈到现代的比基尼。全书资料翔实,考订严密,探流溯源,颇多卓见,一册在手,千百年内衣演变尽呈眼底。我有幸成为该书的第一读者,饶有兴趣地读完全书,并愿意将其推荐给广大读者。相信该书的出版,会将中国服饰史研究引向深入。是为序。

自 序

关于服饰的书籍如汗牛充栋，关于中国服饰史的著作也很多，但是关于中国内衣流变史、时尚史的著作，至今似乎还没有一本。一方面是成千上万的数目，一方面是零的记录，在关于内衣史与服饰史的对比中，存在着极不平衡的数据。为什么泱泱中华文明古国，服饰历史悠久，服饰研究英才辈出，却没有一本内衣史的著作？还是在于观念的束缚与撰写的难度。

对于内衣，古代称之为亵衣，亵衣者穿在里面，秘不示人。按照中国传统的观念，身体、头发来自父母，身体也不能公然示人，尤其是女性的身体。正是因为在这样观点的指导下，在古代中国，有因医生摸了一下自己的胳臂，女子挥刀断臂，以及宁愿乳部溃烂，也不愿让医生诊治的故事。所谓烈女贞妇，头可断血可流，自己肌肤不能被男子所看。服饰是等级的标志，但是内衣属于隐私，难登大雅之堂。或许在传统观念看来，研究内衣，犹如明清时期研究市井文学《金瓶梅》之类，属于淫学，是不务正业。充其量奇淫异巧，算不上学问。因此，有内衣研究价值何在的疑问。此其一也。

服饰是等级的象征，历代正史，有专门的《舆服志》，以国家法令来明确服饰的形制与等级差别。但是内衣却少有记录，少有问津。文献记载的匮乏，思想观念的束缚，梳理中华内衣形态发展脉搏，探究其时尚流变，其难度可想而知。面对浩如烟海的古代典籍，想筛选内衣的资料是如此困难。撰写这样的著作，谈何容易？此其二也。

物质决定意识，内衣的存在与流传几千年绵绵不绝，足以证明它存在的合理性与价值性。并不因为它曾受到鄙视、轻视而消灭。尽管几千年来社会意识对内衣不屑一顾，但是又有谁离开过它？试想，古代有几许圣贤名人是不穿内衣的？正衣冠是古代士人的风范，穿内衣也不能视为下流，古人尽管没有这样说出来，实际上内衣与外在的衣冠配套，是密不可分的，只不过因为在"存天理，去人欲"理学思想的禁锢之下，社会回避这个问题。为内衣立论，乃还内衣的本来面目，给它一个公正、公平的评价。此其三也。

时代的发展，让内衣由内而外，蔚为大观，成为一个独立的品种，是经济发展的增长点。大概古人没有想到，他们认为难登大雅之堂的内衣，竟然成为当今社会的主流服饰之一，被时尚的红男绿女披挂于身，穿行于大街小巷，受到推崇、追捧，甚至明星、名人内衣穿戴也成了狗仔队捕捉的焦点，媒体报道的热点。

因为存在就有其价值，因为有价值就有研究的必要，因为研究就要让读者品味到存在的条件与美丽的价值。因为有这样或那样的困难，这种或那种的需要，撰写中国内衣史才是一种挑战，是一种经历了孤独而最终发现了武功秘籍的快乐。

目录

第一章　薄衫遮体别等级——上古时期的内衣 / 01

一、衣裳的起源 / 02
1. 衣裳拉开人与兽的差距 / 02
2. 制衣由被动到主动 / 04

二、内衣的滥觞——蔽膝 / 05
1. 蔽膝——内衣的发端 / 06
2. 芾 / 07
3. 殷周之际已有裤子 / 09

三、穷绔无裆需遮丑 / 10
1. 裤子称为胫衣 / 10
2. 裈袴为无裆裤 / 12

四、袗衣、裎衣等其他内衣 / 13
1. 袗衣与裎衣 / 13
2. 战国时已有裙子 / 14
3. 袍子曾是内衣 / 16

五、《诗经》中记载的内衣 / 17
1. 内衣在《诗经》中的记述 / 18
2. 内衣外衣形制界限不严格 / 19

六、赵武灵王服装改革 / 20
    1. 变服目的：强兵固国 / 20
    2. 变服对内衣发展的促进 / 21

七、简短的结论 / 23

第二章　罗衫半脱肩微露——秦汉时期的内衣 / 25

一、秦汉时期服装特点 / 26
    1. 由深衣到曲裾、直裾 / 26
    2. 汉代女服上衣下裳 / 28

二、曲裾与内衣之渊源 / 28
    1. 何为曲裾 / 28
    2. 深衣遮挡私处 / 29

三、秦汉时期内衣种类 / 30
    1. 汉代内衣的形制 / 31
    2. 汉代内衣简繁之别 / 31
    3. 女性专门内衣的齐裆出现 / 33

四、犊鼻裈之形制 / 34
    1. 犊鼻裈系有裆裤 / 34
    2. 犊鼻裈形似犊鼻 / 35

五、秦汉深衣制与无裆裤 / 37
    1. 秦汉裤子以无裆为多 / 38
    2. 袴的形式多样 / 38

六、简短的结论 / 39

第三章　天为罗衣地为裙——魏晋南北朝时期的内衣 / 41

一、魏晋服饰"褒衣博带" / 42
    1. 服用五石散导致服饰宽大 / 42

  2. 率性而动袒胸露背 / 44

 二、内衣形制的发展 / 46

  1. 衫子的流行 / 48

  2. 裲裆的发展 / 51

  3. 袙腹与圆腰 / 54

  4. 假当、反闭内衣的出现 / 56

  5. 凉衣与心衣的应运而生 / 57

 三、此袜非彼袜 / 58

  1. 女性内衣曾名"袜" / 58

  2. 束胸内衣宝袜 / 59

 四、内衣中浴衣的出现 / 60

  1. 明衣即浴衣 / 60

  2. 内衣开始细化 / 60

 五、简短的结论 / 61

第四章　慢束罗裙半露胸——隋唐五代时期的内衣 / 63

 一、隋唐时期服饰变革的背景 / 64

  1. 唐代国力强盛向外辐射 / 64

  2. 唐代服装吸纳了胡服的特点 / 65

  3. 唐代纺织业的发达 / 66

  4. 唐代生活安逸注重服饰美化 / 67

 二、隋唐服饰的特点 / 68

  1. 大唐服饰的异样色彩 / 68

  2. 轻薄面料的应用 / 71

 三、隋唐时期的内衣样式 / 72

  1. 盛唐流行袒领装 / 72

  2. 罗裙半露胸 / 74

3. 盛唐内衣面料薄质 / 78

　四、内衣展示曲线之美 / 80

　　1. 杨贵妃所制袔子 / 81

　　2. 透明大衫露而不裸 / 81

　　3. 轻纱蔽体系唐女的创举 / 84

　五、敦煌文化中的内衣 / 86

　　1. 敦煌服饰丰富多样 / 86

　　2. 素胸未消透轻罗 / 87

　　3. 壁画所见暴露装束 / 89

　六、五代服饰及其内衣 / 91

　　1. 五代服饰特点 / 92

　　2. 南唐的内衣 / 94

　　3. 五代后周的抹胸 / 94

　七、隋唐内衣对后世的影响 / 100

　　1. 隋唐内衣惊世骇俗 / 100

　　2. 唐代内衣充满朝气 / 103

　八、简短的结论 / 104

第五章　轻衫罩体香罗碧——两宋时期的内衣 / 107

　一、宋代所处的历史背景 / 109

　二、两宋服饰的特点 / 109

　　1. 宋代服装多因旧习 / 109

　　2. 两宋时期服饰特点 / 111

　三、宋代的内衣种类 / 112

　　1. 龙脑浓熏小绣襦 / 112

　　2. 衫子也曾流行 / 114

　　3. 背心得到发扬 / 116

4. 贴身内衣抹胸、裹肚 / 118

四、抹胸非裹肚 / 120
    1. 宋代抹胸有两种形制 / 120
    2. 男子也用抹胸 / 123

五、开裆裤与无裆裤 / 124
    1. 裤子分合裆与开裆 / 125
    2. 女性内衣保持无裆裤 / 126
    3. 无裆裤是系于裙内的裤子 / 126

六、简短的结论 / 129

第六章　主腰藤缠紧扎身——辽金西夏蒙元时期的内衣 / 131

一、辽代的内衣 / 132
    1. 辽代历史与服饰 / 133
    2. 辽代服饰受汉民族影响 / 135
    3. 辽代小口裤、吊敦与套裤 / 135
    4. 辽代妇女喜好袒露装 / 139
    5. 背心与裹肚 / 140

二、金代的内衣 / 141
    1. 金代历史与服饰 / 141
    2. 金代亵衣与佰腹 / 143

三、西夏的内衣 / 145
    1. 西夏历史与服饰 / 146
    2. 西夏内衣袄与袜肚 / 148

四、元代的内衣 / 149
    1. 元代历史与服饰 / 149
    2. 元代主腰与裹肚 / 152
    3. 汉族妇女内衣仍以抹胸、肚兜为主 / 155

五、简短的结论 / 157

第七章 脸似芙蓉胸似玉——明代的内衣 / 159

一、明代的服饰特点 / 161
    1. 明代内衣呈现开放、性感特征 / 162
    2. 女裙内穿膝裤 / 165

二、紧身形内衣抹胸与主腰 / 165
    1. 明代女性主要内衣——抹胸 / 165
    2. 性感撩人的物什抹胸 / 166
    3. 抹胸的制作面料 / 168
    4. 主腰与抹胸有差别 / 168

三、宽松形内衣衫子 / 169
    1. 衫子的普遍采用 / 169
    2. 特殊内衣珍珠衫 / 171

四、明代其他内衣 / 173
    1. 小衣面面观 / 173
    2. 裙子无衬里 / 175
    3. 下裳质地不同，功能却一致 / 177
    4. 裤腰、裙裥儿等内衣 / 179

五、明代内衣穿着习惯和习俗 / 179
    1. 明代女性已意识到内衣的性魅力 / 180
    2. 明代内衣穿着的开放 / 182
    3. 内衣穿戴习俗与时代的放荡风气 / 184

六、明代内衣的特点 / 185

七、简短的结论 / 186

第八章　金丝蹙雾红衫薄——清代的内衣 / 189

一、清代历史及其服饰特点 / 190

二、清代内衣概况 / 193

　　1. 清代内衣远不如明代开放 / 193

　　2. 清代艳丽的抹胸 / 195

　　3. 清代内衣的配饰 / 197

　　4. 清代内衣纹饰的寓意 / 198

　　5. 清代内衣传世实物 / 201

三、清代内衣的特点 / 202

四、简短的结论 / 206

第九章　袒肩露臂竞风流——民国时期的内衣 / 207

一、民国时期服饰特点 / 208

　　1. 服饰风气开化 / 208

　　2. 服饰体现共和思想 / 208

二、天乳运动对女子内衣的冲击 / 211

　　1. 小马甲的出现 / 212

　　2. 天乳运动解放对胸部的束缚 / 214

三、义乳的出现与乳罩的引进 / 217

　　1. 胸部平坦成缺陷 / 217

　　2. 义乳漂洋过海来到中国 / 219

　　3. 乳罩上了商品广告 / 224

四、袒胸露臂成时尚 / 225

　　1. 时尚潮流坦胸露臂 / 226

　　2. 袒肩露背穿泳装 / 228

五、抹胸保持传统风格 / 242

　　1. 传统内衣小马甲肚兜 / 242

2. 乳罩进入女性香闺 / 243
　　3. 内衣的其他样式 / 247
　六、简短的结论 / 247

第十章　内衣流淌着美丽——对中国内衣史的结语 / 249

参考文献 / 251
后记 / 259
新版后记 / 264

第一章
薄衫遮体别等级——上古时期的内衣

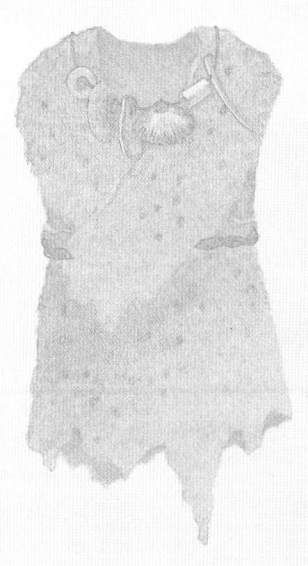

对于内衣，现代人都非常熟悉，各式各样的内衣分类很细，内衣已经成为服饰的一个主要的品种。虽然说内衣古已有之，但是不同的时代，内衣的形制、名称是有差异的。要说内衣的产生，就必须从远古时期衣裳的起源说起。

一、衣裳的起源

远古时期,人类穴居,物质条件匮乏,忍受饥寒,仅仅以树皮草叶裹身,本没有什么衣服,更谈不上内衣。

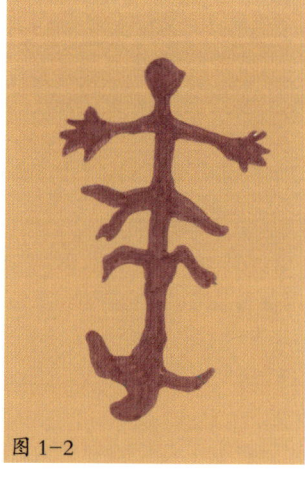

图1-1 原始服装复原图(摘自《中国历代服饰》)——中国人的先祖就是穿着类似这样的服装,开始了他们对美的服饰之追求。

图1-2 内蒙古阴山岩画之蔽膝(黄强临摹,黄沐天设色)——编号为82的阴山岩画表现的是男女交媾的情形,上部裸男右腿之上的黑状物什,甩于腿后,当数蔽膝。平时悬于腰间,遮挡生殖器。

1. 衣裳拉开人与兽的差距

衣裳的发明是因为猿人由猿到人的进化。考古发现,在旧石器时期,人们已经开始使用兽骨制成的骨针,那时的人们已经懂得缝纫,由最初的将兽皮缝制成衣,到采集野麻纤维加工成麻线,纺织成麻布,到制衣。衣裳拉开了人与兽的差距。

图1-3 《山鬼图》(黄强临摹,黄沐天设色)——屈原笔下的山鬼精灵是如此可爱,袒露出淳朴的民风。赤条条相见,胸襟坦荡,一丝不挂。

图1-4 徐悲鸿作《山鬼图》——与上一幅《山鬼画》比较,徐悲鸿的《山鬼图》绘出了披挂树叶的背景。人类从赤条条来,到满身披挂,富丽堂皇,最后又赤条条地离开尘世,回归原始的情态。

对衣裳的起源，《后汉书·舆服志》记载：

> 上古穴居而野处，衣毛而冒皮，未有制度。后世圣人易之以丝麻，观翚（huī，古书中指一种有五彩羽毛的野鸡）翟之文、荣华之色，乃染帛以效之，始作五采，成以为服，见鸟兽有冠角䫇（rán，同髯）胡之制，遂作冠冕缨蕤，以为首饰。凡十二章。故《易》曰：庖牺氏之王天下也，仰观象于天，俯观法于地，观鸟兽之文，与地之宜，近取诸身，远取诸物，于是始作八卦，以通神明之德，以类万物之情。黄帝、尧、舜垂衣裳而天下治。盖取诸乾𡿪（chuān，古文，同坤）。乾𡿪有文，故上衣玄，下裳黄。日月星辰，山龙华虫，作缋（huì，布帛的头尾）宗彝，藻火粉米，黼黻绨（chī，细葛布）绣，以五采章施于五色作服。[①]……

2.制衣由被动到主动

人类在狩猎中受到启发，剥取兽皮、羽毛或采集树皮、树叶，连缀披挂为衣。再发展为人为的纺线、织造、缝制衣裳，实现了由被动到主动的过程。

中国服饰制度到夏商时期已初现端倪，并逐渐形成了具有中国传统等级差别的衣冠服饰制度。荀子就倡导过："修冠弁衣裳，黼（fǔ，斧形。古时礼服上绣的半白半黑的花）、黻（fú，亚形。古时礼服上绣的半青半黑的花纹）文章，雕琢刻镂，皆有等差，是所以藩饰之也。"[②]

中国服饰蕴含着天地人之间同构共感的宇宙观，为深刻内涵的天地之象的物态化的体现。人的服饰，既为了"象法天地"，同时又为了"便身（适体）、利事"，故所戴的帽冠，多为圆形，所穿履舄（xì，鞋），多为方形。再如古时常服的"深衣"之制，其"袂（mèi，袖子）圆以应规，曲袷（jiá，双层的衣被）如矩以应方"或称"袂圆袷方"，其首先体现的仍是天地人同

---

① ［南朝·宋］范晔撰，［唐］李贤等注：《后汉书》点校本，第3661页，北京：中华书局，2018年。
② 方勇、李波译注：《荀子》，第197页，北京：中华书局，2023年。

构共感的宇宙观,然后才是其他的社会体现。①

二、内衣的滥觞——蔽膝

恩格斯说"劳动创造了人本身","随着手的发展,随着劳动而开始的人对自然的统治,在每一个新的进度中扩大了人的眼界"。为了美化,为了实用,或者说当人类由猿变成人后,有了思维意识,创造性强了,懂得了制造工具和使用工具。恩格斯说过,人与猿的区别在于使用工具。人使用火之后,思维发展了,但是对外界的适应性比猿人等动物开始弱化,不再饮毛茹血,有了羞耻心。开始穿衣,目的除了美化,吸引异性,也是为了护体。"迅速前进的文明完全被归功于头脑,归功于脑髓的发展和活动;人们已习惯于以他们的思维而不是以他们的需要来解释他们的行为。"②

人类最初的衣服就是兽皮、树皮,为了御寒,用草叶、兽皮蔽体,连缀或缝制起来就是衣服。后来发明了布料,人们生活有所改善。传说中嫘祖发明养蚕,才有后来的丝绸,以及中国纺织业的起步。

上古时期的人们虽然有了服装,但是比较粗糙。虽然说是衣裳,上衣下裳,但是其形制仍然类似于直桶式,并没有现在意义上的上衣下裤,或严格意义上的内衣。鲁迅先生指出"即以衣服而论,也是由裸体而用会阴带或围裙,于是有衣服,冠冕"③。会阴等织物只是为了掩盖外生

图1-5 商代穿短衣围裳佩戴蔽膝的人物——(摘自《中国历代妇女妆饰》)蔽膝用佩戴比较形象,也很贴切,最初的蔽膝就是系在腰际,悬垂于两股之间。

---

① 蔡子谔:《中国服饰美学史》,第12页,石家庄:河北美术出版社,2001年。
② 恩格斯著,中共中央马克思恩格斯列宁斯大林著作编译局编译:《自然辩证法》,第149、151页,第156页,北京:人民出版社,1971年。
③ 鲁迅:《鲁迅全集》,第3卷,第200页,北京:人民文学出版社,1991年。

殖器，它们应该是有遮羞（或标志性成熟）与保护生殖器的双重功能。格罗塞在《艺术的起源》中指出："原始身体遮护首先而且重要的意义，不是一种衣着，而是一种装饰品，而这种装饰又和其他大部分的装饰一样，为的要帮助装饰人得到异性的喜爱。"①

一方面为了吸引异性的关注，自然要裸露生殖器官；另一方面上古时，服饰产品并不完善，还没有更多地考虑以服饰来遮挡生殖器官。那时候的人们有了裤子，但是都是无裆裤。在这一时期的内衣（裤）主要有蔽膝、黼黻、芾（fú，同韨）、襦（rú，短衣短袄）裤和褰（qiān，撩起之意）裤。

1. 蔽膝——内衣的发端

蔽膝是指系于腰部，挡于两裆之间的一块制作精美、厚实的布，造型与后来的围裙近似。上古时期没有现代概念的内衣，蔽膝挡于两腿之间，不仅是遮羞，更是保护，有内衣的作用与功能。上古时期，蔽膝属于服装中内衣的种类，可以说这是中国古代内衣的最早形制，内衣的发端。因为蔽膝是遮挡与保护男性生殖器的。在生殖崇拜的上古时期，保护生殖器，还有彰显生殖崇拜的意思，因此蔽膝"隐障和昭彰（崇拜）生殖器的遗制"。②

按照沈从文先生的说法，蔽膝就是围裙，"事实上，就是加工不同的围裙，制作得特别精美，附以政治意义而已"③。对于蔽膝是围裙的说法，笔者不敢苟同。蔽膝到了魏晋南北朝，因为有了贴身的内衣、内裤，蔽膝趋向于装饰，这时才具有了沈从文先生说的围裙作用。严格上讲，蔽膝并不具有围裙的围于灶台的作用，哪个身着华采服饰的贵族，以这个精美、华丽的蔽膝来做围裙？他们也不会下厨房。既然是制作精美，表示身份，那就不是围裙。只能说蔽膝形制看上去像围裙，实际并不是围裙。

中国内衣的产生，与古代先民生殖崇拜有极大的关联。因为敬畏自然，敬畏生殖，古代人对生殖力非常崇拜。从原始社会时期的壁画中，我们可以

---

① [德]格罗塞著，蔡慕晖译：《艺术的起源》，第72页，北京：商务印书馆，1994年。
② 蔡子谔：《中国服饰美学史》，第67页，石家庄：河北美术出版社，2001年。
③ 沈从文编著：《中国古代服饰研究》（增订本），第34页，上海：上海书店出版社，1997年。

看出生殖力的巨大影响。因为崇拜生殖，人们自然要保护生殖能力，对社会而言，是对一切象征生殖的物品、自然风貌的保护；对个人而言，就是对自己生殖器的保护。蔽膝从字面上就可以看出它的功能，蔽遮挡膝盖附近部位，也就是遮挡生殖器部位。蔽膝的名称也反映了中国文化传统中特有的避讳，其所"蔽"者，非"膝"，而在小腹之下，两股之间。

前文已经说明，上古时期的人们有服装，但都是开裆裤，不像现在有内裤、衬裤保护下腹部、阴部。他们也无所谓外裤、内衣，往往只有一件，这就是蔽膝，既是穿在外面的，也是穿在里面的。从其功能上说，是为了保护生殖器，因此内衣的功能更显著。

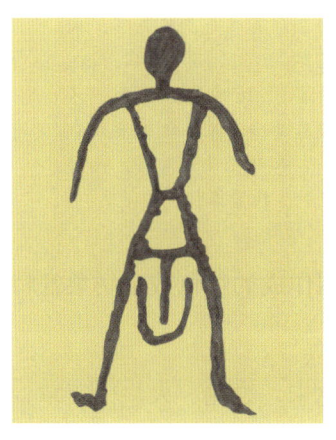

图1-6 内蒙古阴山岩画之芾（黄强临摹，黄沐天设色）——编号为405的阴山岩画，人像着贯头衣，两腿之间的是芾，也就是蔽膝的另称，对生殖器的保护作用是非常明显的。

图1-7 内蒙古阴山岩画之生殖崇拜（黄强临摹，黄沐天设色）——编号为875的阴山岩画，表现的是人骑在动物身上，以及人与动物交媾的生殖崇拜。最早的内衣就源于生殖的崇拜，对生殖器的保护。

2. 芾

与蔽膝有关的内衣是芾。

古代"芾"字的象形字，正如一宽带系于腰中，悬垂于两股之间。从壁画图形中，我们更是直观地看出它的形制，一块横布（革）系在腰间，垂下来如同一面小帘子，挡在裆部。即《诗经》所云"赤芾在腹"。其形制大小如华梅女士所记述"上宽一尺,下展至二尺,长三尺"的斧状物。[1]上古时期的"芾"以坚韧的熟皮"韦"制作,涂以火焰般的朱色、朱黄色或赤色,以炫示生殖器的硕大,生殖力的强大。

图1-8 红素罗绣龙火二章蔽膝(摘自王宝林《云锦》页142)——形状像柄斧头。斧头的象形其实是"父"字,从斤父声。斤者,《说文》曰:"斫,木斧也。"父的象形就是一只手拿着斧头,斧头是力量的象征。古人对生殖的崇拜,也因为男性生殖器象征着力量。

沈从文先生说赤芾"指衣袍前这片用皮或丝绸作成的红色或杂绣象征特别身份装饰物"[2]。

周锡保先生曾说:"芾的形制,天子用直,色朱,绘龙、火、山三章,公侯……用黄朱,绘火、山二章;卿、大夫绘山一章。"[3]对芾的装饰,说明古人对它的重视。这与天子冕服之十二章纹又有类似之处,象征身份与地位。这样也呼应蔽膝在早期不是围裙。

1979年在辽宁喀左东山嘴红山文化遗址发现了陶塑人体残件,可惜也都是裸而无衣。唯一的一件陶塑残片所塑造的也许是由皮革制成系于腰际的装束,即蔽前覆后的芾、韨(fú,古代一种祭服);亦所谓"赤髀横裙"一类衣饰。

---

[1] 蔡子谔:《中国服饰美学史》,第68页,石家庄:河北美术出版社,2001年。
[2] 沈从文编著:《中国古代服饰研究》(增订本),第34页,上海:上海书店出版社,1997年。
[3] 周锡:《中国古代服饰史》,第16页,北京:中国戏剧出版社,1986年。

髀为腹部或曰大腿，赤露股部之"横裙"，与韨大体相同。

芾即横裙，类似日本相扑运动员之护裆布。所谓护裆布的目的是遮体，更主要的是保护相扑运动员的生殖器，不至于在扭打、拼搏中碰伤。

到了晋武帝时，因为服饰有了长足的发展，内衣形制也多了起来，上衣下裳分隔开来，裤子不再是先民的无裆裤，"太古蔽膝"之形制，已经失去了它原有的护裆功能，退化成装饰功能，蔽膝由斧状物的内衣，变成了围裙外衣，"失去了积淀于其上的生殖巫术和生殖崇拜的意蕴"。① 这是后话。

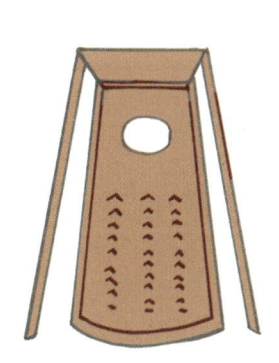

图1-9 《三才图会》中的蔽膝（黄沐天设色）——上古时期的蔽膝体现生殖崇拜。到了黄帝垂衣裳治天下，蔽膝的象征性增加，保护作用减弱。到了封建社会，蔽膝弱化为装饰性。

3. 殷周之际已有裤子

殷周之际，人们的下体虽已着裤（其时称之为"袴"），但是"袴"仅仅是"椸（yí）衣"。椸是古代之衣架，《礼记·曲礼》曰："男女不杂坐，不同椸架。"②

所谓"椸衣"是一种比喻说法，谓此种"袴"就好像是套在衣架上的衣物一样，内外都是通透的。其形制类似今天的"袖套"，使用时套上腿部，阴私部分则无遮挡，所以一般的便服必须用"裳"来遮蔽。汉代刘熙《释名·释衣服》云："凡服，上曰衣，衣，依也，人所依以庇寒暑也；下曰裳，裳，障也，所以自障蔽也。"由此可知裳是殷周男女遮蔽下体的主要服装。它的形制与

---

① 蔡子谔：《中国服饰美学史》，第78页，石家庄：河北美术出版社，2001年。
② 杨天宇译注：《礼记译注》，第18页，上海：上海古籍出版社，1997年。

后世的"裙"相似。但是裙子多为一片,而"裳"则被制成两片,可以开合,一片蔽前,一片蔽后,故于便溺时就不需要解开腰带,将裳褪下,而只要将裳片掀开即可。由于下体只围了这么一种两片开合,两侧露缝的"裳",所以上古时期的人们平时行动时,动作举止,必须时时注意、小心,稍不留神就春光尽泄,露出下体阴私,有失风雅,有碍观瞻。

这也是后来诞生深衣的原因。上古时期上衣没有纽扣,用系带,下裳是类似裙子的直筒,没有裆,身体活动时容易走光,于是出现了深衣,有"身藏不露"之意。①

三、穷绔无裆需遮丑

春秋时期下衣主要是裤子,当时称为胫衣。《说文解字·系部》曰:"绔(kù,同裤),胫衣也。"段玉裁注曰:"今所谓套绔也,左右各一,分衣两胫。"胫衣的形制与套裤相似,无腰无裆,穿时套在胫上,即膝盖以下的小腿部位。当时的胫衣不分男女,只有胫衣一种裤子。②

1. 裤子称为胫衣

穿着胫衣是为了保护胫部,尤其在冬季起到保暖作用。对于私部虽有保护,但是并不严密。需要指出的是,这种裤子对人体运动极为不便,尤其不适应战争骑射的需要。

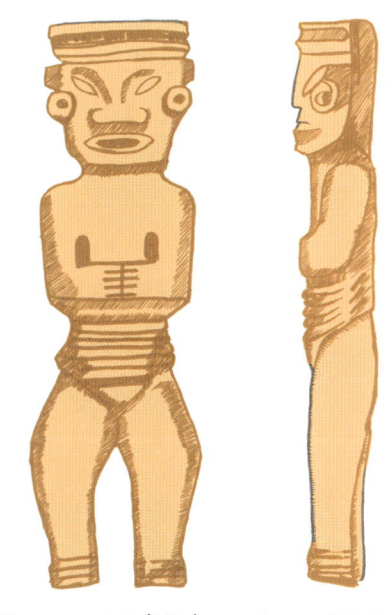

图1-10 西周穿紧身短裈的玉人(上海博物馆藏,黄沐天设色)——像作裸身,腹下围以紧身短裈。裈者,古代的裤子。

---

① 黄强:《绣罗衣裳照暮春——古代服饰与时尚》,第38页,北京:商务印书馆,2021年。
② 周汛、高春明:《中国古代服饰大观》,第356页,重庆:重庆出版社,1996年。

裤子，称为胫衣，或名穷绔、绲裆绔，其形制是裆不缝合，以带系缚。无裆裤的流行，一是为了方便私溺，二是当时服饰还没发展到将裆缝合起来的地步。因为外面有裙裳、袍子，在多数情况下，还不至于裸露下体。再就是满裆裤，将两裆缝合，称为裈（kūn，古代指裤子，同裩）或帽（kūn，满裆裤）。合裆裤不用再在裤子外面加裳，即可外出。

战国时期内衣裤中还有绔（kù，同裤）。绔，字亦作袴，属于下裳。《说文解字》说："绔，胫衣也。"《释名·释衣服》云："绔，跨也，两股各跨别也。"胫指膝部以下的小腿部分，股则指膝部以上的大腿部分。大名鼎鼎的赵氏孤儿故事中就有袴的记述。《事物纪原》卷三曰："《史记》：屠岸贾灭赵氏，赵朔之妻有遗腹，生男，贾索之，夫人置其袴中。其称始见诸此。《实录》曰：上古食肉衣皮，遂以为袴名袴褶；今武士大口袴褶，是魏文人上马袴也。"①《史记·赵世家》确有这样的记载："屠岸贾闻之，索于宫中。夫人置儿绔中。"②《事物纪原》传递的信息：一则袴之名称始于上古时期，袴原本是皮毛制品；二则赵氏孤儿事件，袴掩护了赵朔血脉孤儿赵武，因此袴之名彰显；三则袴即为魏晋武士的裤子，文人的上马袴。关于裤褶服可以参见拙著《褒衣洒脱博带宽》。③根据战国时期马山一号楚墓出土的纺织品实物看，袴由

图 1-11 凤鸟花卉纹绣红棕绢锦袴（摘自《楚人的纺织与服饰》）——锦袴出土时色彩鲜艳，纹样精美，因为缺乏技术的保护，出土后迅速风化，从实物中我们已经无法领略它的风采。出土的纺织品实物，原始色彩基本看不出来，只有重新织造进行复原，或者以绘画形式复原。

---

① ［宋］高承撰，［明］李果订，金圆、许沛藻点校：《事物纪原》，第 155 页，北京：中华书局，1989 年。
② ［汉］司马迁撰，［宋］裴骃集解，［唐］司马贞索隐，［唐］张守义正义：《史记》点校本，第 2154 页，北京：中华书局，2018 年。
③ 黄强：《褒衣洒脱博带宽——六朝人的衣柜》，第 99—107 页，北京：商务印书馆，2022 年。

腰和脚两部分组成，每只裤脚两片，一片为整幅，宽50厘米，长61厘米；另一片半幅，宽25厘米，长61厘米。两片间的拼缝处镶嵌有十字形纹针织绦带，裤脚上端一侧拼入一块宽9厘米、长32厘米的长方形裤裆。裤腰用四块白绢拼成，每片宽30.5厘米，长45厘米。后腰敞开，形成开裆，连同裤腰长116厘米。裤主要以腰带为系。① 根据沈从文先生的考证，此裤是一个整体，但是前后裆不合拢，后腰阙断为敞口。②

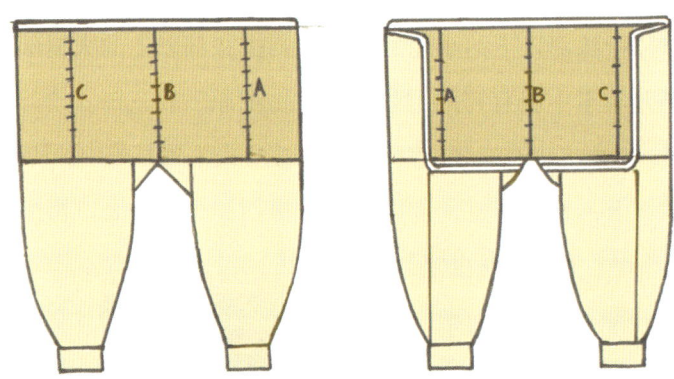

图1-12 江陵出土锦裤结构图（摘自《中国古代服饰研究》，黄沐天设色）——锦裤由裤腰和裤脚两部分组成，两裆不相连，后腰敞开形成开裆，如果与现代裤子比较更是简单，但是这是几千年前的裤子，在裤子形制刚刚创立之初，能有这样的形制已经非常不简单了。

2. 褶袴为无裆裤

如果对袴细分则有褶袴，实际是上"褶"与下"袴"的连属体。信阳长台关一号墓漆瑟上所绘的猎户，就是上身穿短衣，下身着袴。有学者根据此画分析，认为猎户着袴是合裆裤，理由是短衣长及胯部，前后各有一衣片遮住下身与臀部。③ 其实由衣片遮挡生殖器部位，正是开裆裤的表现。因为无裆，下身裸露，才需要蔽膝等衣片来掩盖，如果是有裆裤，不可能春光尽泄，何需再用衣片来遮丑？无丑何需遮？岂不是多此一举。

---

① 彭浩：《楚人的纺织与服饰》，第168页，武汉：湖北教育出版社，1996年。
② 沈从文编著：《中国古代服饰研究》（增订本），第94页，上海：上海书店出版社，1997年。
③ 彭浩：《楚人的纺织与服饰》，第169页，武汉：湖北教育出版社，1996年。

图 1-13 信阳长台关一号墓漆瑟上所绘的猎户（摘自《楚人的纺织与服饰》，黄强临摹，黄沐天设色）——上身穿短衣，下着紧身袴，猎户的袴是合裆裤。图画记录的是古人生活原生态，服饰不过是其形态的表现，袒露与遮挡，对先民来说，只是需要而已，无须刻意掩饰。

四、袿衣、裎衣等其他内衣

总体说来，上古时期的内衣比较简单，除了胫衣、蔽膝，主要还有袿衣、裎衣、中单、禅（dān）衣等。

中单，又称中衣。《释名·释衣服》曰："中衣，言在小衣之外大衣之中也。"中单也作祭服、朝服的里衣，多以素纱为之。禅衣是一种长单衣。禅衣是深衣的一种，没有里子，衣襟掩腋下，系以带条，腰中束革带，用素纱（细绢）制成，可作朝服内的衬衣。[1]

1. 袿衣与裎衣

杨雄《方言》说："禅衣有袌（bào，衣前襟）者，赵魏间谓之袿（zuò，有右外襟的单衣）衣，无者谓之裎（chěng，一种对襟单衣）衣，古谓之深衣。"换言之，上古服装以有袌者之袿衣为正衣，朝服、祭服都是这类服装；无袌之裎衣为便服，睡衣、亵衣都是裎衣。

---

[1] 缪云良主编：《中国衣经》，第163页，上海：上海文艺出版社，2000年。

所谓袪衣就是一种有大襟的交领服装,其样式为右边开襟缝,襟的上部是交领,下端开衩。袥是开衩的部分,裦就是中间的前襟部分。裦内是双层,因为可以怀物,所以又称裦囊。①

裎衣无袥无裦,中间开对襟,是一种对襟的短衫。因为裎衣是内衣,属于燕居(家居),寝室所穿,秘不示人。如果穿着裎衣见客,属于非礼行为。《左传·宣公九年》记载:"陈灵公与孔宁仪父通于夏姬,皆衷其袒服以戏于朝。"②袒服是近身的衬衣,也就是裎衣。陈灵公此事成为春秋时的一件丑闻。裎衣在唐宋时期谓之衩衣,此是后话。

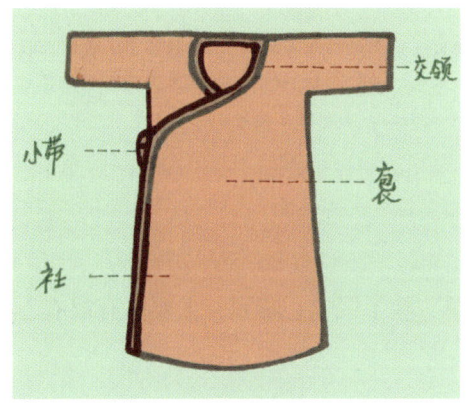 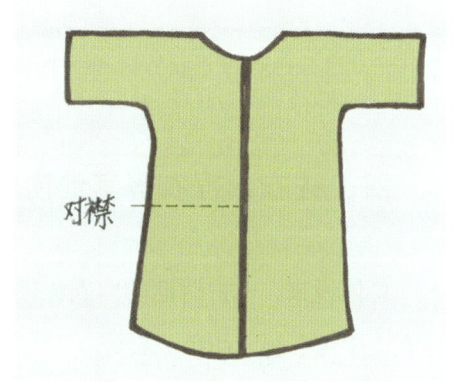

图1-14 袪衣(黄强临摹,黄沐天设色)——袪衣系右襟单衣,交领。祭祀、上朝时衬里穿,属于正衣。可以理解为类似后世的正装,庆典、礼仪活动时与祭服、朝服配套。

图1-15 裎衣(黄强临摹,黄沐天设色)——裎衣系对襟单衣。日常居家的室内便服,此衣属于隐秘服饰,只能是自己或嫔妃所见,不能穿衣见臣子。三国魏明帝穿半臂见臣子,被批评不懂礼数。裎衣到了唐宋发展为衩衣。

2. 战国时已有裙子

在战国时期的墓穴中,还出土了裙子。在上古时期内衣体制并不完善的情况下,裙子也属于一种内衣,一般不露于外。《太平御览·服章部》云:"裙,里衣也。古服裙不居外,皆有衣笼之。"在一些出土文物中也有单裙,"死者的随葬衣物十分豪奢,但不见著袴或裤。秃裙不缘并非为了俭约,而是

---

① 陆宗达:《衩衣趣谈——古代礼俗考之一》,刊《团结报》1983年12月17日。
② 杨伯峻译注:《春秋左传注》,第766页,北京:中华书局,2016年。

为了体现着一定的风习。此两素裙应即是贴身的亵服——中裙"①。

上古时期的贵族女子贴身内衣还有以素纱为之的内衣，主要是为鞠衣等礼服配套而用的。《周礼·天官·内司服》记载："内司服，掌王后之六服，祎（huī）衣、揄（yú）狄（一作翟）、阙狄、鞠衣、展衣、褖衣，素沙。辨别外、内命妇之服，鞠衣、展衣、缘衣，素沙。"② "素沙"之意，衬里皆是白纱，即白纱制作的礼服内穿的衬衣。

图1-16 一凤一龙相蟠纹绣紫红绢单衣（摘自《楚人的纺织与服饰》）——从龙凤纹的推理，此单衣属于皇室成员的专用衣物。

祎衣用玄色缯剪成雉鸡形并染成五彩之色，以翚（五彩野鸡）形状缀以衣服之上。揄狄又作揄翟，是用青色缯剪成雉鸡（翟）形并染成五彩之色，缀于衣上制成。阙狄用赤色缯剪成野鸡形不染色，缀于衣服之上。祎衣玄色，揄狄青色，阙狄赤色，都是王后随王祭先公时所服的祭服。鞠衣是颜色如同初生嫩黄桑叶的衣服，是王后在春三月向天神祈福，亲自采桑养蚕时的服装。展衣素白色，是王后礼见王及宾客时的服装。褖衣为黑色，边缘有装饰纹样，是王后燕居或到王宫侍寝时的服装。③ 这六种礼服、内衣，《新定三礼图》中

---

① 沈从文编著：《中国古代服饰研究》（增订本），第93页，上海：上海书店出版社，1997年。
② 徐正英、常佩雨译注：《周礼》，第178页，北京：中华书局，2018年。
③ 徐正英、常佩雨译注：《周礼》，第179页，北京：中华书局，2018年。

有比较详细的记录。①

3. 袍子曾是内衣

袍，是古代人常用服饰之一，对于袍子，读者比较熟悉，但是在春秋时期，袍子却是内衣。《诗经·秦风·无衣》有云："岂曰无衣，与子同袍。""岂曰无衣，与子同泽。"《无衣》是秦国的军歌，意思是："难道说没有衣裳，与你同穿一件战袍。""难道说没有衣裳？与你同穿一件内衣。"战袍、内衣都可以换穿，表现战士同甘共苦。周锡保先生认为袍是内衣，不是礼衣。②《论语》郑玄注云："亵衣，袍泽也。"③《说文解字》："袍，襺（jiǎn，丝绵衣，同"茧"）也。"按照许嘉璐先生的说法，襺与袍，"区别在于絮在衣服里子与面子之间的东西不同，絮新丝绵的叫茧（襺），絮乱麻和旧丝绵的叫袍"④。《后汉书·舆服志》曰："袍者，或曰周公抱成王宴居，故施袍。"⑤也就是不以袍作为正服而作为燕居时的衣着使用。袍之短者曰襦，作为穿在里面的衬衣之用。其粗而陋者曰褐。《诗经·豳风·七月》"无衣无褐，何以卒岁"即是。襗（zé，贴身的内衣）属于亵衣，即着之于下体的裤子。

此外，战国时期的内衣类服饰还有緅（緅，同䌷）衣、裲裆（liǎng dāng）。緅衣是楚人的一种短衣，两襟中分，类似后来的对襟衣。其名不见于史籍，但是湖北江陵马山1号战国中期楚墓出土的文物中，在大量丝织陪葬品中就有緅衣实物。系用整块布料裁剪而成，左右剪开，上部叠成双袖，下部左右内折，形成两襟，领、袖、襟和下摆部位施于缘。⑥

裲裆同样属于短衣的一类，形制为无袖，两片布挡于胸前胸后，类似背心、马褂。其名称何以称裲裆？笔者猜测或许是因为前胸后背以两片布遮挡之故，因为裲裆也作两裆。湖北荆门市十里铺镇王场村包山古墓群，1956年考古

---

① [宋]聂崇义集注：《新定三礼图》影印本，第26页，杭州：浙江人民美术出版社，2016年。
② 周锡保：《中国古代服饰史》，第51页，北京：中国戏剧出版社，1986年。
③ [清]阮元校刻：《十三经注疏》影印本，第209页，北京：中华书局，1991年。
④ 许嘉璐：《中国古代衣食住行》，第28页，北京：北京出版社，2003年。
⑤ [南朝·宋]范晔撰，[唐]李贤等注：《后汉书》点校本，第3666页，北京：中华书局，2018年。
⑥ 黄凤春：《浓郁楚风——楚的衣食住行》，第30页，武汉：湖北教育出版社，2001年。

发掘了八座墓穴，其中五座为战国楚墓，在漆奁中就有裲裆的图像。

在楚国流行长、短衣。长衣是外服，短衣是贴身而穿的内衣。那时的内衣并不是现在概念的窄小、合身的紧身内衣，而是宽大的形制，包括袍子这样的长衣。

图1-17 战国时绲衣——湖北江陵马山楚国出土。一种短袖式对襟衣，类似袍的服装，在战国时期因为贴身而穿，依然属于内衣。

图1-18 湖北包山2号楚墓漆奁画中裲裆形制（黄强临摹，黄沐天设色）——裲裆属于短衣，无袖。在袍制盛行的上古时期，短衣基本上都是内衣。

五、《诗经》中记载的内衣

据《辞海》，《诗经》大抵是周初至春秋初中叶的作品。诗三百篇具有教化作用，很受孔夫子的推崇。除了教化作用，也记录了先秦时期的纺织科技史料。

衣服的起源要追溯到原始社会，但是原始人饮毛茹血，本谈不上什么款式，不过遮体御寒。说到衣服的款式，严格上讲应该在春秋时期。成书于春秋时期的《诗经》在记录先民社会、民俗活动之时，也对先民的服饰，乃至内衣有了描述。

1. 内衣在《诗经》中的记述

《国风·葛覃》:"言告师氏,言告言归。薄污我私,薄浣我衣。害浣害否?归宁父母。"(译文:告诉我家的阿妈,告诉她我要回家。快清理我的内衣,快洗浣我的外装。哪件洗呀哪件藏?我要回家看爹娘。)[①] 所谓私衣,乃指隐私之衣,因为是人们贴身穿的衣服,平时不能轻易示人,古代称为"亵衣",《说文解字》云:"亵,私服也。"《诗经》中说的私衣就是亵衣。上古民风淳朴,风气开放,对于野合并不斥责,因为与爱人野合,自然要注意内衣的整洁,所以才有清理、浣洗内衣的说法。

《召南·野有死麕》:"舒而脱脱兮!无感我帨(shuì,古时的佩巾)兮!无使尨(máng,长毛的狗)也吠!"(译文:你要来时轻悄悄,不要拉扯我的围腰,不要惹起狗儿叫。)围腰的服饰,自然是内衣之类。

《邶风·绿衣》:"绿兮衣兮,绿衣黄里。……绿兮衣兮,绿衣黄裳。"(译文:绿的啊外衣啊,绿外衣,黄内衣。……绿的啊,上衣啊,绿上衣,黄下裳)。闻一多先生说:"此里谓在里之衣,即裳,非袷衣之里也。此章衣与里为二,犹下章衣与裳为二。衣在表,裳在里,衣短裳长,短不能掩长,故自外视之,衣在上,裳在下。此章曰:'绿衣黄里',以内外言之,下章曰:'绿衣黄裳',

图1-19 单被式袒左披围衣(摘自《中国古代服饰研究》,黄沐天设色)——沈从文先生绘制的图形,考证上古时出现的服饰(内衣)形制,实际上是几幅布横拼如一被单,其优越性是白天为衣,夜间作被。

---

① 金启华教授对《诗经》的研究成就为后人瞩目,其译文也得到了学术界认同,因此本书所用《诗经》译文,采自金启华译注:《诗经全译》,南京:江苏古籍出版社,1993年。

以上下言之，里之与裳。"① 换言之，黄里是指穿在里面（贴身而穿）的内衣。

《鄘风·君子偕老》："瑳兮瑳兮，其之展也。蒙彼绉绤（chī，细葛布），是绁袢也。"（译文：艳丽呀，艳丽呀，是她那红绉纱的上衣呀。上衣罩着的葛衫，是她素色的内衣呀。）绁音 xiè，捆，拴，袢是以本色细葛布制成的内衣，贴身穿着，吸汗。汉毛亨传曰："絺之靡者为绉，是当暑袢延之服也。"绁袢也作亵袢、谓亲身之衣。素衣与红衣，色彩搭配对比鲜明，视觉效果明显。

《唐风·扬之水》："扬之水，白石凿凿。素衣朱襮（bó，外表），……扬之水，白石皓皓。素衣朱绣，……"（译文：清清的水呀慢慢流，白白的石儿滑溜溜。白的内衣红袖套，……清清的水呀慢慢流，白白的石儿光油油。白的内衣红袖口，……）素色内衣绣上红色袖口，注意了内衣的美化修饰。

《秦风·无衣》："岂曰无衣？与子同泽。"泽就是贴身内衣，因为穿在身上，具有吸收汗液（泽）的功能，故名。

《诗经》给我们提供了内衣的资料，非常可贵。它传递了两方面的信息，一是《诗经》反映的时代，有了这些内衣，而且色彩鲜艳；二是这一时期的青年男女，以衣喻人，睹物思人，知道以内衣负载情感情愫。

2. 内衣外衣形制界限不严格

需要特别说明的是，《诗经》表现的时代，对内衣的形制并无严格的界限，也没有形成后世的内衣体系，笔者以为贴身而穿的衣服都可统称为内衣，至于汗衫、裤衩之类，毫无疑问地属于内衣。某些服饰如袍子之类介于内衣和外衣之间，原先属于内衣，笔者以为如果往往用于外穿，袍子里面还衬有其他服饰，则充当了外衣的作用。袍子由内衣演变为外裳，也是这个原因。

可惜的是，《诗经》所运用的文学语言，其形象思维丰富，美学意识强烈，但是因为这些语言不是纺织、服装的原始记录，我们无法准确地判定春秋时期的内衣种类和形制。

---

① 闻一多：《古典新义》，第145页，北京：商务印书馆，2016年。

六、赵武灵王服装改革

说到上古时期中国服装的演进,就不能不说战国时期赵武灵王的服装改革。

1. 变服目的:强兵固国

赵武灵王变服的目的是强兵固国,当时主要来源于"三胡"以及燕、齐、韩、秦等国的战争侵扰和军事威胁,因此提出了"吾欲胡服"的服饰变革这一关乎国家命运的有胆有识的主张。公元前302年,赵武灵王实行军事改革,训练骑兵制敌取胜,其主要的做法就是服装改革,废弃传统的上衣下裳制,改成前后有裆裤管连为一体的裤子。

所谓"胡服骑射"变制,主要是废弃上衣下裳制,或曰废弃"下裳"只着"裤"。

图1-20 春秋时期陶范(山西省博物馆藏,黄强临摹,黄沐天设色)——山西侯马出土。陶范上衣窄袖、短衣,下身做裤,与当时东胡民族裤褶服形制相似。赵武灵王改胡服,大体是此式。

王国维先生撰有《胡服考》，他指出：

> 古之亵衣，亦有襦袴。《内则》："衣不帛襦袴"，《左氏传》："征褰与襦褰"亦裤也。然其外必有裳，若深衣以覆之，虽有襦袴，不见于外。以袴为外服，自袴褶服始然。此服之起，本于乘马之俗，盖古之裳衣，本（为）车（中）之服，至易车而骑，则端衣之连诸幅之裳者，与深衣之连衣裳而长且被土者，皆不便于事。赵武灵王之易胡服，本为习骑射计，则其服为了上褶下袴之服，可知此可由事理推之者也。虽当时无袴褶之名，其制必当如此，张守义废裳之说，殆不可易也。①

所谓襦袴（裤）和褰袴（裤），皆开裆之套裤。赵武灵王有裤褶之服，褶，即衣之于上者，亦着之于外者。其形制为短身而广袖之袷衣，另说为左衽之短袍。也就是将传统的上衣下裳制，改为有前后裆裤管连为一体的合裆裤，合裆裤能够保护大腿和臀部肌肉皮肤在骑马时少受摩擦，而且不用在裤子外面加裳，即可外出。②

赵武灵王的变服改革，是中国古代历史上的一件大事，它使汉人摆脱了古服的束缚，轻装上阵，国力大增。在中国服饰发展史上，赵武灵王的变服尤为重要，但当时也遭到反对，理由是"不合先王礼法"，赵武灵王以"先王不同俗，何古之法？帝王不相袭，何礼之循？"③对保守派进行了驳斥。

2. 变服对内衣发展的促进

在中国内衣变迁史中，笔者以为赵武灵王的变服也起到了决定性的作用，可以说是中国内衣发展的一个里程碑，也是中国服装史上的重大举措。此前，中国人穿着亦外亦内的传统直裆裤（无裆裤），并没有严格意义上的内衣。

---

① 王国维：《观堂集林》影印本，第885页，北京：朝华出版社，2018年。
② 黄能馥、陈娟娟编著：《中国服装史》，第55页，北京：中国旅游出版社，1995年。
③ ［汉］司马迁撰，［宋］裴骃集解，［唐］司马贞索隐，［唐］张守义正义：《史记》点校本，第2180—2181页，北京：中华书局，2018年。

图1-21 赵武灵王胡服骑射复原图(摘自《中国古代军戎服饰》)——赵武灵王是中国历史上著名的改革家。战国时期诸侯纷争,汉民族能够战胜异邦,问鼎中原,赵武灵王功不可灭。他对胡服的改进迈出的一小步,却是汉民族历史上的一大步。

由于骑射的需要，传统直裆裤不再适应。改无裆裤为有裆裤，外穿（罩）衣褂、袍服、盔甲披挂，裆裤由亦外亦内的职能，退位专司内穿职能。于是，中国服饰史上开始出现了只管内部功能的内衣（裤）。

胡服的引进，使汉人的身体从此前宽大服饰的束缚中解放出来，肢体功能得以释放，无论是马上打仗，还是马下生产，都变得灵活自如。肢体的解放，手脚的灵活，无疑对头脑也是一种解放，思维、视觉都跨越了封闭的自我，想得更多，看得更远。赵武灵王的变服最直接的受益是军队战斗力的增强，从深远的意义上讲，使汉民族变得强盛。

七、简短的结论

上古时期并无内衣的概念，内衣在当时被统称为亵衣、亵服，所谓亵衣，即穿在里面或家居时的衣服，包括巾、帽、衣、履。三国魏时何晏为《论语·乡党》集解引王肃曰："亵服，私居服，非公会之服，皆不正，亵尚不衣，正服无所施。"① 汉代刘向《列女传·周宣姜后》："至于君所，灭烛，适房中，脱朝服，衣亵服，然后进御于君。"②《旧唐书·舆服志》亦曰："燕服盖古之亵服也，今亦谓之常服。"③《旧唐书·刘子玄传》："此则专车凭轼，可摆朝衣；单马御鞍，宜从亵服。"④

上古对于亵衣的色彩有限制。既然是家居或穿在里面的亵衣，颜色宜淡，一般不用朱、红、紫等庄重贵重的鲜艳之色。《论语·乡党》："君子不以绀緅（zōu，青赤色）饰，红紫不以为亵服。"⑤ 亵衣一般不用浅红色和紫色的布制作。古人染色费工、耗原料，深色的面料要染三十几遍，经过浅色染，

---

① 世界书局编印：《诸子集成》影印本，第 1 册，第 38 页，上海：上海书店，1991 年。
② 绿净译注：《古列女传译注》，第 61 页，上海：上海三联书店，2021 年。
③ [后晋]刘昫等撰：《旧唐书》标点本，第 1951 页，北京：中华书局，2017 年。
④ [后晋]刘昫等撰：《旧唐书》标点本，第 3172 页，北京：中华书局，2017 年。
⑤ 杨伯峻译注：《论语译注》，第 98 页，北京：中华书局，2015 年。

重复叠染,染好,晒干,重复不间断的工序几十道。[①]居家亵衣比较长,短右袖,以便做事。

内衣在上古时期属于草创,其内衣功能以遮体为主,兼及美化,可以说内衣的产生与生殖崇拜有着密切关系,遮挡、保护生殖器,现代内衣也有这种功能。蔽膝是其代表,由蔽膝、芾到黼黻,实际是内衣遮挡、护体功能转向了美化、装饰功能。黼黻后来成为帝王服装中的装饰图案,完全起着修饰作用。从这方面讲,尽管蔽膝是中国内衣的滥觞,但并不是严格意义上的内衣。贴身的衣物才属于真正的内衣,如衵服、襦裤、裹裤、裎衣之类。

上古时期的内衣形制比较简单,种类也比较单一,就那么几种,与后世内衣的蔚蔚大观不可同日而语。

[①] 曾启雄:《绝色——中国人的色彩美学》,第25页,南京:译林出版社,2019年。

第二章
罗衫半脱肩微露——秦汉时期的内衣

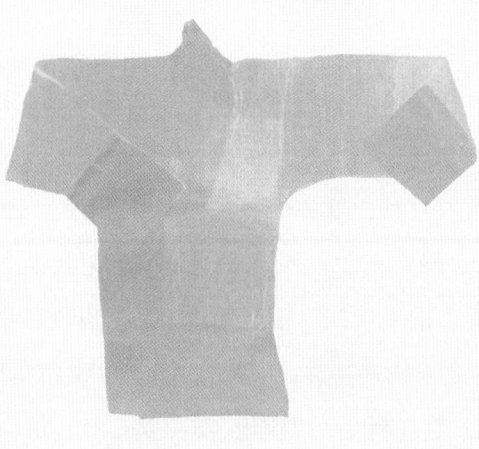

上古时期服饰初创,到了春秋战国时期,服饰已经出现等级意识,但还是没有系统化。中国服饰的等级化是在汉代实现的,汉高祖初定天下,叔孙通制定汉官礼仪,才使社会等级制度完善起来。由此形成了绵延中国两千多年的服饰品官制度。

一、秦汉时期服装特点

秦汉时期的服装,男子以袍为主,袍服样式以大袖为主,袖口则做得比较小。袍服属于礼服、朝服,平时男子多穿单衣,一般都穿在外面。其样式与袍服相近,只是不用衬里。

1. 由深衣到曲裾、直裾

战国时期流行的深衣,在秦汉时期仍然存在。什么是深衣?我们先要弄懂概念。所谓深衣,就是将上衣下裳连为一体,合并为一件衣服。《礼记·玉藻》曰:"朝玄端,夕深衣。深衣三祛,缝齐倍要,衽当旁,袂可以回肘,长中继掩尺,袷二寸,祛尺二寸,缘广半寸。"①《白虎通义》记载:"深衣之制,自冕弁服至玄端,皆为帷裳,前三后四,不削幅也。故非开辟积则一丈四尺之要矣,安能服之于身半?此云积素为裳,此衣不用素丝,常用布也。"②《礼记·深衣》曰:"古者深衣,盖有制度,以应规、矩、绳、权、衡。短毋见肤,

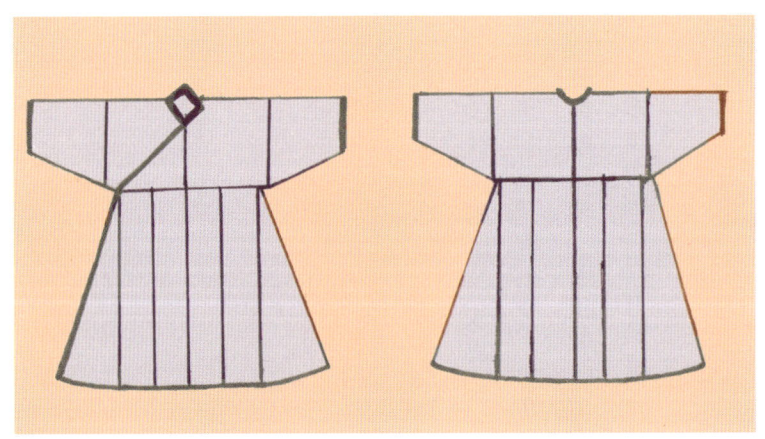

图 2-1 深衣形制(清代江永《深衣考误》复原图,黄沐天设色)——深衣在中国服饰形制史上非常重要。因此,汉代郑玄、许慎,唐代孔颖达、颜师古,宋代朱熹,明代方以智,清代江永、黄宗羲、任大椿等都对深衣进行过深入研究。深衣大致特点为衣裳相连,矩领。

---

① 杨天宇译注:《礼记译注》,第503页,上海:上海古籍出版社,1997年。
② [汉]班固、[清]陈立撰,吴则虞点校:《白虎通疏证》,第21页,北京:中华书局,1994年。

图 2-2 长信宫灯演示的穿深衣汉代妇女（河北博物院藏）——河北保定满城中山靖王妻窦绾汉墓出土。此灯因为放置于刘胜祖母窦太后的长信宫内而得名。灯体通高 48 厘米，宫女高 44.5 厘米，重 15.85 公斤。1993 年被鉴定为国宝级文物。宫女的手袖为烟道，灯槽可转动照明方向，设计精巧。持灯宫女跪坐，穿着深衣，是西汉的典型服饰。

长毋被土。"① 意译是古人穿的深衣，是有一定尺寸样式的，以合乎规、矩、绳、权、衡的要求。短不至于露出身体肌肤，长不至于覆盖地面。上古时期的服装非常宽松，没有后世意义上的内衣。上衣没有纽扣，用带维系。下裳不是裤子，而是类似裙子的直筒，没有裆。下衣是胫衣，无腰无裆，套在膝盖以下的小腿部位。胫衣对于私部有保护作用，但并不严密。因此深衣有"身"藏不露之意。② 后世的袍子、衫子都是在深衣的基础上产生的，也可以说深衣是汉民族服饰的最早形式。

到了汉朝，深衣略有变化，西汉早期，深衣演变为曲裾，另有直裾。到了东汉，男子一般不再穿深衣，而改穿直裾（jū，衣服的大襟）、襜褕（chān

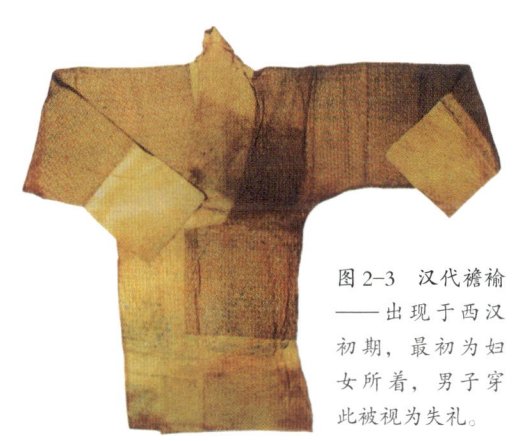

图 2-3 汉代襜褕——出现于西汉初期，最初为妇女所着，男子穿此被视为失礼。

---

① 杨天宇译注：《礼记译注》，第 1008 页，上海：上海古籍出版社，1997 年。
② 黄强：《绣罗衣裳照暮春——古代服饰与时尚》，第 38 页，北京：商务印书馆，2020 年。

yú，一种长的单衣）。襜褕的穿着范围扩大，除祭祀朝会，各种场合都能穿着。

2. 汉代女服上衣下裳

汉代妇女日常之服，则为上衣下裳。《西京杂记》有云："赵飞燕为皇后，其女弟昭仪在昭阳殿，……织成上襦，织成下裳。"①

汉代妇女也穿襦裙，根据周汛、高春明两位专家的考证，裙子大多以四幅素绢连接拼合而成，上窄下宽，不施边缘，名叫"无缘裙"。在裙腰的两端缝有绢条，以便系结。②

二、曲裾与内衣之渊源

秦汉时期深衣发展为曲裾、直裾两种基本类型，而曲裾的采用与内衣的演变有直接的关系。

1. 何为曲裾

我们先来解释一下曲裾。裾也称"袺"（jié，衣服的后襟），指的是衣服后部的下摆。刘熙《释名·释衣服》云："裾，倨也。……亦言在后常见踞也。"《尔雅·释器》："袺谓之裾。"郭璞注："衣后裾也。"裾实为衣服

图 2-4 穿绕襟深衣的汉代妇女——湖北云梦大坟头汉墓木俑。深衣也作"申衣"，对汉民族服饰影响深远。

的前对襟，即大襟，因古代衣服的交领与襟相连，因而称袺为裾。《汉书·邹阳传》记载："饰固陋之心，则何王之门不可曳长裾乎？"③衣裾长至曳地，这个裾应该是下摆部位。深衣的形制与穿戴方式表明，深衣的前对襟多出一段，

---

① ［晋］葛洪集，成林、程章灿译注：《西京杂记全译》，第40页，贵阳：贵州人民出版社，1995年。
② 周汛、高春明：《中国衣冠服饰大辞典·中国衣冠服饰史述略》，第3页，上海：上海辞书出版社，1996年。
③ ［汉］班固撰，［唐］颜师古注：《汉书》点校本，第2340页，北京：中华书局，2018年。

穿时必须绕至背后,形成"曲裾"。《汉书·江充传》对曲裾的穿戴方法是有交代的,"上许之。(江)充衣纱縠襌衣,曲裾后垂交输,冠襌纚步摇冠。"[1]从湖北云梦大坟头汉墓出土的汉代木俑,我们可以印证曲裾穿戴方法。

图2-5 汉代曲裾深衣(湖南博物馆藏)——湖南长沙马王堆一号汉墓出土实物。曲裾是汉代深衣的代表性样式。

在前一章我们已经论述到上古时的内衣,战国以前内衣的发展并不完备,也就是没有现代严格意义上的内衣,内衣、外衣经常混穿,没有准确的概念。尤其是裤子,皆是无裆裤,只有两只裤管套在腿上,穿着时以带子系在腰间。小腿以上至下腹部则是完全裸露的。

2. 深衣遮挡私处

在深衣没有出现之前,人们的下体主要以蔽膝(围裳)来遮挡、保护。因此蔽膝是内衣,不显露于人。如果要解手,掀开蔽膝即可。穿无裆裤时,方便时自然很方便,但是私处无遮挡,总觉得有些不自在。无裆裤没有裤裆遮挡下体,自然也属于内衣。大腿可以显露,私处怎能暴露在众目睽睽之下?开放的上古、秦汉社会岂能容忍如此有失风雅之举?当深衣出现时,深衣将上衣下裳连成一体,私处有了遮挡。

---

[1] [汉]班固撰,[唐]颜师古注:《汉书》点校本,第2176页,北京:中华书局,2018年。

老问题刚刚解决,新问题又来困扰,如何方便?如果在深衣两边开裤衩,必然露出里衣;如果不开裤衩,又将影响走路,甚至解手。这样的缘故,曲裾应运而生。以曲裾相掩的方法,遮挡无裆裤露出的尴尬。清代任大椿在《深衣释例》中说:"右旁之衽不能属连,前后两开,必露里衣,恐近于亵。故别以一幅布裁为曲裾,以掩盖里衣。而右前衽即交互其上,于覆体更为完密。"孙机先生对此也有论述:"上层人士,特别是妇女为了使这样一套不完善的内衣不致外露,所以下襟不开衩口。既不开衩口,又要便于举步,于是就出现了这种用曲裾拥掩的服式。"①

图 2-6 曲裾相掩的深衣样式(黄沐天设色)——深衣有"深藏不露"之意,发展到曲裾正、背两面相掩,也在遮挡与掩饰,避免身体显露,失礼与尴尬。

关于对无裆裤方便私溺的分析,笔者在第五章《两宋时期的内衣》有论述,这里仅仅说及,不展开。

总而言之,曲裾是介于内衣、外衣之间的服饰,贴身而穿则是内衣,外面再罩袍等服装,穿于外面,直接示人,则为外衣。

三、秦汉时期内衣种类

关于秦代的内衣情况,没有专门的文献记录,大致上以深衣、袍为主。陕西临潼秦俑坑出土的陶俑,普遍穿深衣,衣对襟大多绕至背后,左右相交,

---

① 孙机:《中国古舆服论丛》(增订本),第145页,上海:上海古籍出版社,2001年。

形如燕尾。高春明先生考证认为是后垂"交输"式深衣。①

1. 汉代内衣的形制

汉代的内衣有多种形制,主要有泽、汗衣、汗衫、帕腹、抱腹、心衣、单衣、禅衣、裲裆(古称半臂,似今之背心)、犊鼻裈等。

泽,是古代一种贴身穿用,可以吸汗的内衣。《诗经》中已有"岂曰无衣,与子同泽"。《说文段注》:"《秦风》:与子同泽,传曰:泽,润泽也。《释名》:汗衣,近身受汗垢之衣也。"宋代朱熹《诗集传》曰:"泽,裹(里)衣也,以其亲肤,近于垢泽,故谓之泽。"

汗衣,属于贴身而穿的内衣,原名中单,短袖,对襟,长及腰际。从史籍上看,这种内衣紧贴身体,可以从体内排出汗泽,故以"泽"字命名。《释名·释衣裳》曰:"汗衣近身受汗垢之衣也。《诗》谓之'泽',受汗泽也。或曰'鄙衵',或曰'羞衵'。作之用六尺,裁足覆胸背,言羞鄙于衵而此尔。"②汉代干脆将它称之为"汉衣",也有称"汉衫"。据说汉高祖刘邦是汗衫的发明者。传说楚汉交战时,刘邦从战场上回到营帐,一看自己的内衣已经汗湿,于是戏称为"汗衫"。由此,人们就这么叫起来了,③直到现在还在沿袭汗衫的叫法。五代马缟称:"汗衫,盖三代之衬衣也。《礼》曰:中单,汉高祖与楚交战,归帐中汗透,遂改名汗衫。"④宋代高承《事物纪原》卷三亦云:"《实录》曰:古者朝燕之服有中单,郊飨之服又有明衣。汉祖与项羽战争之际,汗透中单,遂有汗衫之名也。"⑤

2. 汉代内衣简繁之别

汉代内衣有简繁之别。汉代刘熙《释名·释衣服》称:"帕腹,横帕其腹也。""抱腹,上下有带,抱裹其腹,上无裆者也。""心衣,抱腹而施

---

① 高春明:《中国服饰名物考》,第524页,上海:上海文艺出版社,2001年。
② 孙机:《中国古舆服论丛》(增订本),第145页,上海:上海古籍出版社,2001年。
③ 周汛、高春明:《中国古代服饰大观》,第328页,重庆:重庆出版社,1996年。
④ [五代]马缟撰,李成甲校点:《中华古今注》,第25页,沈阳:辽宁教育出版社,1998年。
⑤ [宋]高承撰,[明]李果订,金圆、许沛藻点校:《事物纪原》,第148页,北京:中华书局,1989年。

钩肩,钩肩之间施一裆,以奄心也。"简单的只是横裹在腹部的一块布帕,因此称"帕腹";稍微复杂一些的,就是在裹腹时缀以带子,用时紧抱其腹部,故名"抱腹";如果在抱腹上加以"钩肩"及"裆",则成了"心衣"。我们从南北朝杨子华绘的《北齐校书图》中,可以找到心衣的痕迹。关于心衣,详细论述可参阅第三章《魏晋南北朝时期的内衣》。

帕腹、抱腹、心衣等虽然有简繁之别,但是全部只有前片,没有后片,穿着这种内衣,后背部分是全部裸露的。在汉代还出现过一种内衣,与帕腹、抱腹、心衣不同的是有前片,也有后片,既可挡胸,也可遮背,即两挡,俗称"两当",也写成"裲裆"。裲裆本来属于专用内衣,它是后世背心的最早形式。两汉时仅用于内衣,多施于妇女,男子也可穿。汉代以降尤其到了魏晋时期裲裆又有了新的发展,这是后话。

图 2-7 司马迁穿裲裆(黄强临摹,黄沐天设色)——裲裆最初是背心的形式,是后世背心的滥觞,主要是夏季所穿。一般做两片,一片挡胸,一片挡背,肩部以带相连。

3. 女性专门内衣的齐裆出现

对于女性来说，汉时已有专门的内衣——齐裆。齐裆本是上古腰彩的遗制，汉武帝时以四带束之，名曰袜肚，至汉灵帝赐宫人蹙金丝合胜袜肚，亦曰齐裆。① 以蹙金彩帛为之，上缀四根系带，两根系结于颈部，两根系于腰上；也就是后世抹胸的前生。在湖南长沙马王堆出土的许多文物中，有不少纺织品，其中就有素纱单衣、锦袍等。单衣又称禅衣，一种不用衬里的衣服。刘熙《释名·释衣服》曰："禅衣言无里也。"又说："有里曰复，无里曰禅。"无衬里的单衣，自然是贴身而穿。因为无里无衬，禅衣非常轻薄，一般适用夏季，贴身吸汗，透气、凉爽。从长沙马王堆出土的禅衣看，质地轻薄，重量很轻。单裙与后世的裙子并无多少区别，笔者认为名之为单裙，在于说明这种裙子的穿着是单穿，无衬里，也就是直接作为内

图 2-8 汉代素纱禅衣（湖南博物馆藏）——禅衣，又作单衣。1972 年湖南长沙马王堆一号汉墓出土，衣长 128 厘米，通袖长 190 厘米，衣料铺展开约 2.6 平方米，仅重 49 克（一两不到）。如果除去它的领口和袖口的镶边，单衣的重量只有 25 克左右。质地轻薄，透气、透汗。这是贵族的服饰，老百姓只能穿麻的

图 2-9 汉代单裙（湖南博物馆藏）——湖南长沙马王堆一号汉墓出土。由四幅素绢竖拼而成，上宽下窄，当腰处用绢条横约并于两端留出系带。单裙无衬里，直接当内裤穿着。

裤来穿的。不着内裤，固然有习俗的因素，更多的则是内裤形制发展的不平衡，现代人想象内衣、内裤是很简单的，用两块布缝制一下即可。在没有内衣、内裤概念之时，人们怎么能想象出内衣的样子？因此，单裙兼有外衣、内裤的功能。司马相如《美人赋》有云："女乃弛其上服，表其亵衣。"一

---

① ［五代］马缟撰，李成甲校点：《中华古今注》，第 26 页，沈阳：辽宁教育出版社，1998 年。

方面说明内衣、外衣虽有区别,但是并不严格;另一方面强调汉代风气的开放,内衣显露无关紧要。

单衣其实就是衫子,刘熙在《释名·释衣服》中云:"衫,芟(shān,除去)也。芟末无袖端也。"衣服博大穿着轻松,没有袖端,穿着方便。[①] 通常以轻薄的纱罗为之,制为单层,不用衬里。衫子大约产生于东汉末年,由最初的贴身内衣,逐渐演变为内衣、外衣兼顾。

四、犊鼻裈之形制

春秋战国至汉代,社会上层人物囿于传统审美观念,仍然保持着宽襦大裳的服饰习惯,只有军人和下层人民下身穿裤而不加裳。当时上层社会以穿裤为耻。西汉著名文学家司马相如与四川临邛富商卓王孙女儿卓文君相恋,遭到卓王孙反对,两人私奔。不久,两人再回临邛,在卓王孙家对面卖酒,卓文君当垆,司马相如则脱去外衣,大庭广众之下,穿了一条犊鼻裈洗涤酒具,弄得卓王孙非常尴尬。

1. 犊鼻裈系有裆裤

汉代已有了有裆的裤子,如犊鼻裈之类。汉代的有裆裤是短裤,而大多数长裤则是无裆裤。一般来说长裤属于有

图2-10 东汉穿犊鼻裈站立说唱陶俑——四川郫县宋家岭汉墓出土,仍然是艺人的装扮。

---

① 袖端即今舞台上古装的"水袖"。见许嘉璐:《中国古代衣食住行》,第23页,北京:北京出版社,2003年。

身份的阶层所穿,短裤则属于下层社会老百姓所穿。如果不穿裤子则穿裙子,与无裆裤一样,裙子贴身而穿,就是内衣。为什么有裆裤先在底层人民中间流行?笔者以为,一方面,劳动人民需要以苦力维持家庭生活,服装的磨损较大,必须穿粗布装,夏季甚至裸身不穿衣裳;另一方面,因为经济的困窘,不能像贵族添置多种服装,只能以单一的服装来劳作,因此发明了有裆裤。

裈(kūn,满裆裤),或作㡓(kūn,满裆裤)、裩(kūn,同裈)。汉代史游《急就篇》卷二云:"合裆谓之裈,最亲身也。"① 亲身者,即贴身所穿,内衣是也。根据周锡保先生考证,裈之形制有二:一说其长在膝上二寸处;一说谓其形似犊鼻。②

图 2-11　汉代穿裈的男子——长沙马王堆 3 号墓出土。裈是一种大裤衩,从图像中可以印证。

2. 犊鼻裈形似犊鼻

所谓犊鼻裈,形似犊鼻,较短,着时下不过膝,为一般农田中操作者所用,尤其是南方的水田中操作者为多。似裤,红色但又似内衬长裤。对于犊鼻裤的来源,《事物纪原》有说明。"《实录》曰:西戎以皮为之,夏后氏以来用绢,长至于膝,汉、晋名犊鼻,北齐则与袴长短相似,而省犊鼻之名。"③

---

① [汉]史游等著:《急就篇 捷径杂字 包举杂字》,第 89 页,长沙:岳麓书社,2022 年。
② 周锡保:《中国古代服饰史》,第 101 页,北京:中国戏剧出版社,1986 年。
③ [宋]高承撰,[明]李果订,金圆、许沛藻点校:《事物纪原》,第 155 页,北京:中华书局,1989 年。

图 2-12 汉代穿犊鼻裈的农夫（黄强临摹，黄沐天设色）——裈是短裤，底层社会人员所穿，袒胸露乳，被认为不雅，上层社会人士所不为。

这就是说犊鼻裈由来已久，原先北方的少数民族以皮制作，到了中原地区，汉人则用绢为之。但是对犊鼻裈之名，也有不同意见。《史记·司马相如列传》："而令（卓）文君当垆（酒店放置酒坛的炉形土墩）。相如身自著犊鼻裈，与保庸杂作，涤器于市中。"集解引韦昭注云："今三尺布做形如犊鼻矣。称此者，言其无耻也。"刘奉世则曰："犊鼻穴在膝下，为裈才令至膝，故习俗因以为名，非谓其形似也。"①笔者以为，犊鼻裈之名，因其形似较为可信。

犊鼻裈的形制，大致以三尺布（大约合现在的70厘米）裁成不需缝合的短裤。也就是说，犊鼻裈实际是一种形状像犊鼻的短裤，从汉代反映犊鼻裈的壁画中，我们可以看出它的形状。当时主要是底层社会群众的内衣，尤以在水田干活的农民为多。闻一多先生说："司马相如穿短裤（牛鼻裤），在街头洗东西。牛鼻裤（作者案：即犊鼻裈）是下等人穿的。"②因为是底层劳动的内衣服制，当司马相如穿着犊鼻裈，袒露上身，当街卖酒时，如同一个店小二，岂不是让富有的老丈人非常丢面子？

---

① ［汉］司马迁撰，［唐］裴骃集解，［唐］司马贞索隐，［唐］张守义正义：《史记》点校本，第3639页，北京：中华书局，2018年。
② 闻一多：《诗经讲义》，第37页，天津：天津古籍出版社，2007年。

明代称之为牛头裤,明代郎瑛《七修类稿》卷二十六云:"今之牛头裤,即古之犊鼻裤也。"① 从形制分析,犊鼻裤类似后来的平角短裤,即通常人们说的大裤衩子。一般中老年多喜穿平角短裤,宽松肥大,而年轻人则倾向于穿紧身的三角裤衩。这种形制一直沿袭到清代。

也有人说是沙滩裤,笔者以为过于现代化,不准确。沙滩裤有松紧,还有短裤管,平角短裤无裤管,过去大裤衩子主要采用系带,无松紧带,形制是平直的。有松紧带的平角短裤,又称田径裤。

图 2-13 汉代穿裤的杂耍艺人(黄强临摹,黄沐天设色)——江湖艺人卖艺时的服装,可见裤是下层人民所穿。

图 2-14 汉代彩绘陶楼上穿裤的人物(丁一欣临摹,黄沐天设色)——河南荥阳县东汉墓出土。穿裤人物赤露上身,似乎是汉代穿裤的习惯,应该是北方的习俗,夏季所穿。

五、秦汉深衣制与无裆裤

秦汉时期的妇女服装仍以深衣为主。不同的是样式有所改变,特点是衣

---

① [明]郎瑛著,安越点校:《七修类稿》,第323页,北京:文化艺术出版社,1998年。

襟绕转层数增多，衣服下摆增大。以腰带系扎腰间，将腰身裹得紧紧的。大概是衣服宽大，又无明确的内裤，以致春光尽泄，尴尬尽现。自战国赵武灵王改革，汉人穿胡服，秦汉时期裤子还比较流行，不像上古，人们有袍而无裤，或者穿袍不穿裤。

1. 秦汉裤子以无裆为多

在深衣之外，秦汉时期已有裤子之制，但是这时期的裤子，多系无裆裤，包括妇女所穿裤子，也是无裆裤子，形制是无腰无裆，仅有两只裤管，上端以带系住。

古代裤子多无裆，这是当时的服饰特点，但是汉代的裤子实际上分为有裆与无裆两种。秦代与汉代前期都是无裆裤。有裆裤始于汉昭帝上官皇后时期，当时宫中出现了一种前后有裆的缚带裤，名为"穷袴"。《汉书·孝昭上官皇后传》曰："虽宫人使令，所使之人也，绔，古袴字也。穷袴，多其带，后宫莫有进者。"服虔曰："穷袴有前后裆，不得交通也。"颜师古曰："即今之绲裆裤也。"[1]

汉代无裆裤，还有溺袴，又称尿袴，一种贴身内裤。《汉书·周仁传》记载："（周）仁为人阴重不泄，常衣弊补衣溺袴，期为不洁清。"[2]

2. 袴的形式多样

袴（kù，套裤）的形式是多样的。北方袴管狭窄，以便骑马，俗趁"小口袴"；中原与南方，袴管较为宽大，俗称"大口袴"。武士从戎，以带系缚袴管，称为"缚袴"。袴有单制的，也有双层、多层的，还有以绵制成的。称为单袴、夹袴、复袴、绵袴等。发展到魏晋南北朝就是裤褶与缚裤。

汉代还有阔边大口裤。广东东汉墓出土的舞蹈俑，大袖长袍，衣下做重叠襞褶，便于在急骤旋转中展开，下边着阔边大口裤。[3]据称这种陶俑在两汉墓俑中是比较少见的。

---

[1] ［汉］班固撰，［唐］颜师古注：《汉书》点校本，第3960页，北京：中华书局，2018年。
[2] ［汉］班固撰，［唐］颜师古注：《汉书》点校本，第2203页，北京：中华书局，2018年。
[3] 沈从文编著：《中国古代服饰研究》（增订本），第133页，上海：上海书店出版社，1997年。

图 2-15 汉代十五连盏铜灯人像着短裳与裤（河北博物院藏，丁一欣临摹，黄沐天设色）——十五连盏铜灯，出土于战国中山国国王墓。通高 82.9 厘米，重 13.85 公斤。在灯的底座有展开双臂的人物塑像，人像上身裸体，只在腹下围一短裳，裳作由前向后围之，其内应着有裆裤。

六、简短的结论

对于秦汉时期的内衣服饰，笔者概括为内衣服饰的创造、发展时期。后世背心的最早形式——裲裆在此时期出现，并且是首次出现了中国服饰发展史上的专用内衣。汗衫的出现，是现代内衣的远祖，具备了内衣的最基本性质，单衣、贴身、吸汗；帕腹、心衣也具备了现代内衣的形制特点。

秦汉时期的内衣，性别差异并不明显，换言之，男女皆可穿，在形制上无男女款式差别。不像现在内衣倾向于女性，男性内衣虽有，但是其种类、款式、科技手段都远逊于女性内衣，而且款式上区别很大，胸罩等是属于女性内衣的专有用品。

秦汉时期的内衣还有简繁之别。

秦汉内衣开创了中国内衣的最基本形制，因为无性别分别，对后世的影响是广泛的。男女内衣自秦汉之后，拉开了性别的差异性，也就是说，秦汉时的内衣属于中性。秦汉以降，内衣也有了男女差别，男人穿男式内衣，女子则穿女式内衣，内衣不再混淆性别、男女通用。由此，我们也可以说秦汉时期，社会还没意识到内衣的性别、性感信息。穿在外面的服饰包含着显著的等级差别，而居家贴身而穿的内衣还没赋予等级的色彩，依然保留着男女不分的朴实思想。但是秦汉时期的内衣已有了服饰的等级化倾向，犊鼻裤是普通老百姓的专有内衣，上层社会嗤之以鼻，社会的等级差别，由服饰之外向内，逐渐扩大。

第三章
天为罗衣地为裙——魏晋南北朝时期的内衣

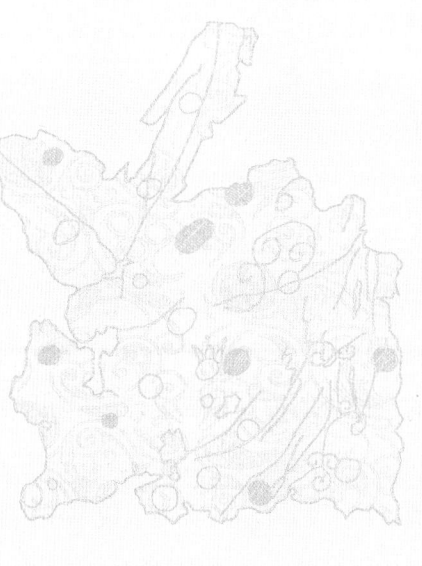

东汉中期开始的战乱,老百姓颠沛流离。"白骨露于野,千里无鸡鸣"(曹操《蒿里行》)是当时社会的真实写照。长期的战争、饥荒、天灾、疫病,迫使北方人民背井离乡,向南方迁移。因此,魏晋南北朝时期是民族迁徙、交流、融合的时期。

东汉中期开始的战乱，老百姓颠沛流离。"白骨露于野，千里无鸡鸣"（曹操《蒿里行》）是当时社会的真实写照。长期的战争、饥荒、天灾、疫病，迫使北方人民背井离乡，向南方迁移。因此，魏晋南北朝时期是民族迁徙、交流、融合的时期。通过大规模的民族迁徙，北方少数民族入居中原，与汉民族互相接触、互相学习、互相促进，生产技术、文化思想、生活习俗包括服饰在内，逐渐趋向融合，正如东晋葛洪在《抱朴子·讥惑》中所云：

> 丧乱以来，事物屡变，冠履衣服，袖袂裁制，日月改易，无复一定，乍长乍短，一广一狭，忽高忽卑，或粗或细，所饰无常，以同为快。[1]

服饰的变化是与时俱进的，民族服饰互相影响，最后形成彼此认同、具有多民族服饰风格的新服饰。

在这样的历史背景下，魏晋南北朝时期的服饰不仅是中国服饰发展的一个重要时期，也是内衣形制发生巨变的一个关键时期。它在内衣发展史上承前启后，上承秦汉，使古代由深衣制发展、演变过来的内衣逐渐定型，下开隋唐服饰内衣的开放风气。

一、魏晋服饰"褒衣博带"

魏晋时期的服饰比较宽大，体现出"褒衣博带"的时代特点。概括起来，魏晋时期的内衣因纵情放纵，故而疏松宽大。魏晋服饰的宽大与玄学思想，以及服用丸药有极大的关系。

1. 服用五石散导致服饰宽大

魏晋时期玄学盛行，重清谈，人们更是吃药成风，大量服用五石散。服了药物，体内热量散发不出去，皮肤干燥，衣服与皮肤摩擦，容易溃烂，必

---

[1] ［东晋］葛洪撰，张松涛、张景译注：《抱朴子外篇》，第568页，北京：中华书局，2013年。

图 3-1　魏晋服饰"褒衣博带"——戴梁冠或笼冠,穿大袖衫的一群魏晋男子,款款而行,显示出悠闲、飘逸的魏晋风度。后人对魏晋"褒衣博带"呈现的飘逸性往往羡慕不已,可知是因为服用了"五石散",身体发热,皮肤溃烂,不得已所为。

须穿着宽大的衣裳,以避免皮肤的溃烂。鲁迅先生一针见血地指出,服用五石散后的状态:

> 全身发烧,发烧之后又发冷。普通发冷宜多穿衣,吃热的东西。但吃药后的发冷刚刚要相反:衣少,冷食,以冷水浇身。倘穿衣多而食热物,那就非死不可。因此五石散一名寒食散。只有一样不必冷吃的,就是酒。吃了散之后,衣服要脱掉,用冷水浇身;吃冷东西;饮热酒。这样看起来,五石散吃的人多,穿厚衣的人就少;比方在广东提倡,一年以后,穿西装的人就没有了。因为皮肉发烧之故,不能穿窄衣。为预防皮肤被衣服擦伤,就非穿宽大的衣服不可。现在有许多人以为晋人轻裘缓带,宽衣,在当时是人们高逸的表现,其实不知他们是吃药的缘故。一班名人都吃药,穿的衣都宽大,于是不吃药的也跟着名人,把衣服宽大起来了。[①]

---

① 鲁迅:《鲁迅全集》,第 3 卷,第 507—508 页,北京:人民文学出版社,1991 年。

换言之,外在的条件,主要是身体的因素,必须"褒衣博带",魏晋人服饰的飘逸,并非仅仅为了表现仙风道骨,而是有苦衷,不得已而为之的。

2. 率性而动袒胸露背

受服用五石散,以及玄学思想的影响,魏晋时人往往率性而动,《世说新语·任诞》就有一则故事佐证。王子猷(yóu)居住在山阴,某夜大雪,一人开怀饮酒,看到屋外雪景与皎皎月光,吟诵左思《招隐》诗,忽然想起朋友戴安道,于是半夜乘船去拜访。船行了一夜,到了朋友的住地,却不敲门,而是往回走。问他原因,王子猷答道,当时想见朋友,即使是半夜,也不考虑,到了现在,我的心情是不想见朋友了,又何必再见朋友呢?说得有理。所谓"乘兴而行,兴尽而返",要的是心情愉快,追求的是过程,而不在乎结果。

晋人的脾气很坏,高傲、发狂、性暴如火,放荡形骸,率性而动,竹林七贤是其代表。竹林七贤脾气虽有不同,但是脾气都很大、很坏。阮籍年轻时,对造访的人加以青眼和白眼区别。嵇康是口无遮挡,好发议论,发牢骚。

《晋书·嵇康传》曰:"(嵇)康早孤,有奇才,远迈不群。……常修养性服食(服药)之事,弹琴咏诗,自足于怀。……(嵇)康善谈理,又能属文,

图 3-2 东晋《竹林七贤图》砖印壁画南壁(南京博物院藏)——1960 年江苏南京西善桥南朝墓出土。名称为《竹林七贤与荣启期砖刻画》,分为北壁与南壁两幅,纵 80 厘米×横 240 厘米,由 200 多块古墓砖组成。竹林七贤七位加上荣启期共八人。八人均席地而坐,但是神态表情各具特色,八人都是袒胸,七人赤足,一人散发,彰显他们放荡不羁的个性。南壁是嵇康、阮籍、山涛、王戎四人。

其高情远趣，率然玄远。"①《晋书·阮籍传》亦曰："（阮）籍，容貌环杰，志气宏放，傲然独得，任性不羁，而喜怒不形于色。或闭户视书，累月不出；或登临山水，经日忘归。博览群籍，尤好老庄。嗜酒能啸，善弹琴。……（阮）籍本有济世志，属魏晋之际，天下多故，名士少有全者，（阮）籍由是不与世事，遂酣饮为常。"②

他们的态度，大抵是饮酒时，衣服都不穿，帽子也不戴，袒胸露背，完完全全地将旧传下来的礼教抛于脑后。《世说新语·任诞》载：

> 刘伶恒纵酒放达，或脱衣裸形在屋中，人见讥之。伶曰："我以天地为栋宇，屋室为裈衣，诸君何为入我裈中？"③

以天为庐，以地为床，在自己的屋，何须穿衣？连"褒衣博带"也省去了，何等的放达？我不穿衣裤，与你何干？更何况你跑到我的裤子里来干吗？质问得有理。

图 3-3 东晋《竹林七贤图》砖印壁画北壁（南京博物院藏）——北壁有向秀、刘伶、阮咸、荣启期四人。荣启期距离竹林七贤时代有 700 多年，他是春秋时期的隐士，传说曾行于郕之野，语孔子，自言得三乐：为人，又为男子，又行年九十。在魏晋动荡时局，荣启期的"三乐"思想乃是名士追捧的人生理想，被誉为高士，因此与竹林七贤放在一起，格调一致。

---

① ［唐］房玄龄等撰：《晋书》点校本，第 1369 页、第 1374 页，北京：中华书局，2010 年。
② ［唐］房玄龄等撰：《晋书》点校本，第 1359—1360 页，北京：中华书局，2010 年。
③ ［南朝·宋］刘义庆撰，朱碧莲、沈海波译：《世说新语》，第 392 页，北京：中华书局，2016 年。

江苏南京西善桥南朝墓出土的《竹林七贤与荣启期》砖刻画中，竹林七贤与荣启期八人，都是身着衫子，袒胸露背。南壁画中四人，嵇康安坐，抚琴，神态自若，超然尘上；阮籍裹巾，身体微斜，指尖蘸酒，吮指品尝；山涛戴帻，一手挽袖，一手执杯欲饮；王戎斜身靠几，手弄玉如意，目视前方，深思不语。北壁画四人，阮咸垂带飘于脑后，弹一四弦乐器；刘伶双目凝视手中酒杯，一手蘸酒品尝；向秀裹巾，神态坦然，闭目沉思；荣启期则是披发长髯，盘膝坐蒲团上，弹奏五弦琴，怡然自得。竹林七贤的神态与服饰，彰显他们心意相通，性情相融，并以开放、袒露的衣装表现他们"越名教而任自然"的性格。服饰与他们的思想、个性、行为配合得非常默契。

对于魏晋时期的五石散，现在人考证说是春药，服食春药，内火中烧，性欲冲动，情绪失常，像脱缰的野马，举止怪诞。一旦药性过后，又疲惫松弛，精神萎靡，言谈举止就有别于常人。对于这样的言行，魏晋时期认为是清谈，是时髦。但是服食五石散后，放浪形骸，穿宽大的服装"褒衣博带"，影响到衫子的流行。根据史料记载，刘伶、嵇康等文人，日常家居，或"乱项科头"，或"裸袒蹲夷"，甚至在会见客人时也随便穿着，以袒胸露脯为尚。"衫子与袍相比，不仅衣袖宽大，而且采用的是对襟"[①]，这样的宽大衫子代替了紧身的内衣，对魏晋时期的内衣的发展起到了推动作用，这大概是清谈家没有想到的，所谓歪打正着。

二、内衣形制的发展

在内衣形制上，魏晋南北朝时期也有比较大的发展。进入南北朝以后，因为民族的大融合，汉民族的服饰吸纳了北方少数民族服饰的特点，衣服裁剪更加贴身、适体，传统的服装样式（深衣制）逐渐退化，西北少数民族的服装（胡服），尤其是裤褶和裲裆成了社会的流行服装，其应用范围由燕居（家居），扩大到日常生活，礼仪交往。

---

① 高春明：《中国服饰名物考》，第543页，上海：上海文化出版社，2001年。

图 3-4 《洛神赋图》局部(故宫博物院藏)——《洛神赋图》系东晋顾恺之绘制,绢本,设色,纵 27.1 厘米 × 横 572.8 厘米。但是曹植的《洛神赋》却营造了美丽的洛神形象:"其形也,翩若惊鸿,婉若游龙。""披罗衣之璀粲兮,珥瑶碧之华琚。戴金翠之首饰,缀明珠以耀躯。践远游之文履,曳雾绡之轻裾。"高洁与飘逸,成为人们的向往。顾恺之的绘画在于将曹子建文字描绘的洛神,化为具象的形象。

图 3-5 魏晋盛装的妇女(摘自《中国古代服饰研究》,黄沐天设色)——穿绣纹衣盛装的妇女,端正、大方,表现出一派华丽景象,说明服饰装饰已经深入日常生活,礼俗社会。

1. 衫子的流行

首先要介绍衫子。从《竹林七贤图》中我们看到了魏晋时期文人纵情放达的情形，同样看到他们的穿着服饰都是衫子。但是魏晋时期的衫子与汉代袍子是有区别的，就是衣无袖端，敞口。对于衫子，刘熙在《释名·释衣服》中解释："衫，芟也。芟末无袖端也。"并以此认定是扬雄《方言》中所说的西汉以来陈、魏、宋、楚的"襜"或"单襦"。对此，沈从文先生认为这个说法值得商榷。沈从文先生考证，汉人单襦，袖口较小。①

图3-6 竹林七贤嵇康泥塑（摘自《中华历代服饰泥塑》）——嵇康梳丫髻，穿宽衫，抚琴。竹林七贤不依附司马政权，公元263年，嵇康为司马昭所害。临死前，嵇康并不伤感，唯叹惋："袁孝尼尝请学此散，吾靳固未与，《广陵散》于今绝矣！"遂有"魏晋风度泽后世，广陵散曲成绝响"之说。

衫子在魏晋是比较普遍的一种内衣，主要在中上层社会流行。晋代张敞《东宫旧事》称："太子纳妃，有白縠、白纱、白绢衫，并紫结缨。"②当时还有单衫、複衫、白纱衫、白縠（hú，有绉纹的纱）衫等。衫有单层与夹层之分，不论婚丧均常用白色薄质丝绸制作。穿着轻薄透明的衫子在魏晋时期非常流行，沈约《少年新婚为之咏》诗云："裙开见玉趾，衫薄映凝肤。"衫子薄透才能见到衫子下面的肌肤，他们所要追求的就是肌肤若隐若现的效果。魏晋六

---

① 沈从文编著：《中国古代服饰研究》增订本，第168页，上海：上海书店出版社，1997年。
② ［明］陶宗仪等撰：《说郛三种》影印本，第5册，第2731页，上海：上海古籍出版社，1989年。

图3-7 《高逸图》中山涛形象（上海博物馆藏）——《高逸图》，又名《竹林七贤图》，是唐代孙位创作的一幅彩色绢本人物画。现存的《高逸图》是残卷，图中只剩四贤。嵇康虽然写有名篇《与山巨源绝交书》，这里的绝交只是拒绝山涛的荐引为官，并非真正意义的绝交。竹林七贤都做官，最后都辞官，归回自然，他们蔑视世俗礼法的理念是一致的。《高逸图》中山涛形象是清雅高超的隐逸之士。竹林七贤的放纵、张狂，固然有魏晋文人的风度，也是当时社会的需要，装疯、卖傻、醉酒为避祸，不与邪恶同流合污。其衣装、发型都与他们的精神风貌吻合。

图3-8 《女史箴图》中穿襦裙的魏晋妇女（英国大英博物馆藏）——《女史箴图》，东晋顾恺之绘制。绢本，设色，宽24.8厘米×纵348.2厘米。这是局部临镜化妆的图像。后面站立的女性上身着鲜艳的服饰，像是一种贴身而穿的衫子。

第三章 天为罗衣地为裙——魏晋南北朝时期的内衣

朝的衫子与汉代以前的衫子有所不同，魏晋衫子采用对襟，与汉代以前大襟、衣领相交的衫子不同，颈部裸露的部分多，而且袖口宽博垂直。这与魏晋六朝褒衣博带风尚吻合，而且这样的衫子透气凉爽。

其次要介绍裤褶。裤褶最初是胡服，来源于北方，用于军旅，不分男女。《晋书·舆服志》记载："裤褶之制，未详所起，近世凡车驾亲戎，中外戎严服之。"[①] 后来进入中原，为汉民族吸纳，成为社会普遍装束。裤褶实际上分为裤与褶，褶就是款式紧身的上衣，通常样式是交领、窄袖，长不过膝。与裤子配套，称之为裤褶。褶紧身，或者贴身而穿，裤褶之裤，属于有裆裤。不过，这时的裤子仍然宽松，为了便于行动，人们用带子从膝盖部位将裤管系紧，不使其松散，这种裤子叫作缚裤。

裤褶的面料视季节而变，春夏季多用罗、绮，秋冬季多用锦、绫，甚至皮革。凡穿裤褶者，一般在腰间束有皮带，贵族则以金银为饰。[②]

图3-9 魏晋南北朝女性着裤——上身着褶，紧身贴身；下身着裤，宽松，这是一种有裆裤。与大摆裙一样，跳舞旋转时，非常好看。

---

① [唐]房玄龄等撰：《晋书》点校本，第772页，北京：中华书局，2010年。
② 缪良云主编：《中国衣经》，第37页，上海：上海文艺出版社，2000年。

2. 裲裆的发展

裲裆最早出现在汉代,汉代以降,尤其到了魏晋时期裲裆又有了新的发展。

第二章已经说明裲裆本来属于专用内衣,它是后世背心的最早形式。到了魏晋时期,裲裆开始由内向外发展,被时尚的女子由贴身而穿演变到穿在外面。换言之,裲裆从单纯的裹衣,发展成罩在衣裳外面的时尚之衣,其内衣功能性特点,退位成装饰性特点,尤其以妇女所着为多。

裲裆,又作两裆。孙机先生认为南北朝时期,以"两裆"为名有二物,一种是背心,特指妇女的背心;另一种是武士之前后两合的短甲。前者有湖南长沙东晋周芳妻墓出土文物券记载,即《玉台新咏》卷十所云:"新衫绣两裆,迮著罗裙里";后者见《北史·阳休之传》记载的两当甲。①

《释名·释衣服》曰:"裲裆,其一当胸,其一当背,因以名之也。"《晋书·五行志》也有这样的记载:"至元康末,妇人出裲裆,加乎交领之上,此内出外也。"② 元康属于晋惠帝司马衷的年号,时间为291年至299年,只有短短的九年光景。

追求时尚之美的女性们,一反常态,将过去秘不示人的裹衣——裲裆,勇敢地加在了"交领"外面,装饰自己,美化自己。按我们现代时髦的话讲,就是内衣外穿。20世纪90年代女性流行内衣外穿,成为一种时尚,追本溯源

图3-10 穿袴褶的北朝妇女——袴褶又作裤褶服,是南北朝时期风靡一时的服饰样式,不论男女,均可穿着。裤褶服本是胡人服饰,从北方传入南方,经过南方改良,又传回北方。

---

① 孙机:《中国古舆服论丛》(增订本),第344页,北京:文物出版社,2001年。
② [唐]房玄龄等撰:《晋书》点校本,第823页,北京:中华书局,2010年。

其实在魏晋时期就有了这样的事例。读到这段文字，你对中国妇女开放意识是否有了新的认识？一千多年前的中国妇女并不都是闭关保守的，她们也有创新之举，为了时尚之美，奔放而大胆，开放又时尚。当时的裲裆不仅妇女穿着，男子也可穿。裲裆质地有罗、绢、绫、锦等。

裲裆也按季节分为单、绵质地。按照我们现代的话讲，是单衣裲裆、夹衣裲裆和绵衣裲裆。我们可以通过一些绘画和史籍记载来印证笔者的推论。

春夏之际，气温温和，人们衣着单薄，裲裆如同单衣、薄衫，往往一件足矣。在甘肃嘉峪关魏晋壁画墓中，我们看到一幅采桑女及护桑女的形象，就是穿着一件方形裲裆。在绘画中，似乎采桑女除了这件贴身而穿的裲裆，没有其他的内衣，显然适合气温较高的地区和环境，就像现代某些农村流行的小褂。从绘画中，还传递出这样的信

图 3-11 穿裲裆的北朝男子陶俑——河北景县封氏墓出土。裲裆本是内衣，因为形制宽大，也可穿于其他服饰之外。

图 3-12 采桑与护桑穿裲裆的妇女图（摘自《甘肃嘉峪关魏晋 6 号墓彩绘砖》）——这是甘肃嘉峪关魏晋时期 6 号墓出土的彩绘砖上面的形象，虽是粗线条的描绘，但是人物形象非常生动，服饰的形制也很清晰。记录了采桑女采桑、护桑的生活情态。

息，不仅反映了裲裆这种形制，而且传递出人们开放的思想情趣。对于采桑女穿裲裆，不单纯是内衣外穿，而是直接穿着内衣活动，因为她没有外衣、内衣之分，只是一件而已。女子穿着内衣在大庭广众、众目睽睽之下，毫无羞怯之态，甚至没有异样的眼光，说明当时社会是多么的纯洁。

在某些气温偏低的地区或秋冬季节，妇女穿绵裲裆。晋代干宝小说《搜神记》就有绵裲裆的描写。三国时期颍水一带常常闹鬼，某日夜晚，魏大臣钟繇外出，恰巧遇到一个女鬼，"形体如生人，著白练衫，丹绣裲裆"。钟繇以刀砍之，只见女鬼一边逃逸，一边用丝绵揩血。第二天，钟繇顺着血迹找到一具女尸，服饰依旧，只是裲裆中的丝绵被抽掉了不少。①

据周汛、高春明两位专家考证：当时"妇女确实穿着裲裆，而且已将其穿着在外面，裲裆的表面采用刺绣，比较考究；更主要的是在裲裆的里面，还纳有丝绵，这种裲裆当为后世棉背心的最早形式"②。1965年在新疆吐鲁番阿斯塔那一座晋十六国时期的墓穴中，出土

图3-13 穿裲裆的妇女局部图（摘自《甘肃嘉峪关魏晋6号墓彩绘砖》）——人物穿着裲裆，类似背心的服饰，也可以说是内衣外穿的形式。

图3-14 彩色裲裆线描图（摘自《中国服饰名物考》，黄强临摹，黄沐天设色）——对彩色裲裆的最早认识是读古代笔记小说，加入了一些神秘的色彩，起初以为裲裆是想象中的内衣，没有想到在新疆出土了彩色裲裆的实物，说明小说描述还是有史可依的。

---

① [晋]干宝撰，马银琴译注：《搜神记》，第377页，北京：中华书局，2013年。
② 周汛、高春明：《中国古代服饰大观》，第329—330页，重庆：重庆出版社，1996年。

了裲裆的实物。这件裲裆以红绢为底,上有黑、绿、黄三色彩线绣成的萝草纹、圆点纹以及金钟花纹,四周镶嵌有素绢边,裲裆里面还有丝绵。在同地区1979年出土的另一座晋十六国时期的墓穴中,也发现了裲裆,以红绢为底,用蓝、绿、黄、黑等丝线绣有龙、鸟、山、树,以及花草图案,纹样生动,色彩鲜艳。① 从纳有丝绵的裲裆实物分析,出土的丹绣裲裆属于绵制品,与文献记载相符。

3. 袙腹与圆腰

与裲裆对应的是袙腹,一种覆盖在胸腹间的贴身小衣。

图3-15 《北齐校书图》(美国波士顿美术馆藏)——北齐杨子华绘制,绢本设色画,纵27.6厘米×横144厘米。原本已佚,现存宋摹本。画面有三组人物,居中是坐在榻上的四位士大夫,或展卷沉思,或执笔书写,或欲离席,或挽留者,神情生动,细节精微。从画中人物服饰、发式等来看,是魏晋南北朝时期北齐的服饰。"褒衣博带"是魏晋南北朝服饰外衣的特点,心衣则是服饰内衣的特点。与南朝衫子形式有区别,风格却依然是宽松的博带。

---

① 缪良云主编:《中国衣经》,第37页,上海:上海文艺出版社,2000年。

《晋书·齐王司马冏传》记载，八王之乱参与者之一的齐王司马冏曾遇到一事："有一妇人诣大司马府求寄产。吏诘之，妇人曰：'我截齐便去耳。'识者闻而恶之。时又谣曰：'著布袙腹，为齐持服。'俄而冏诛。"①绘于北齐天宝七年（556）的《北齐校书记》描绘了六朝时期的裲裆和袙腹，以及文宣帝高洋命樊逊等人校勘秘府藏书的情形。图书人物着沙披衫子（心衣），内穿裲裆、袙腹。②

　　北齐属于北朝，不属于六朝范围，但是年代与南朝对应。南朝（420—589）是宋（刘宋）、齐（南齐）、梁（南梁）、陈（南陈），北朝（386—581）③则包含北魏、东魏、西魏、北齐、北周。南北政权对峙，朝代政权更替，故称南北朝。彼时文化、科技有交流，服饰相互影响，前面章节说的褶裤就是一例。六朝中南朝的裲裆、心衣图像流传下来的寥寥无几，而北朝服饰在墓壁画、出土文物、绘画中得以保存。

　　有人将袙腹解读为抹胸，并不正确。肚兜与抹胸尽管都是内衣，但覆盖的位置有差别，抹胸侧重于胸乳，肚兜覆盖于胸与肚，袙腹则倾向于腹部。

　　袙服，贴身内衣，后世也作袙腹。通常认为是女性使用，但是在魏晋南北朝，男子也用袙服。《南齐书·郁林王纪》记载："（萧昭业）常裸袒，著红縠裈杂采袙服。"④

　　南朝女性喜穿轻薄的衫子，有时也嫌它过于薄、透，于是用一块或几块布料叠合，上下缝有系带，围在腰间，就形成了抱腰。抱腰又称圆腰，《释名·释衣裳》云："抱腹，上下有带，抱裹其腹上，无裆者也。"其形制以方帛为之，只用前片，不施后片。四角缀带，穿时二带系结于颈，二带围系于腰，作用与后世的肚兜相似。抱腰可以贴身而穿，也可围裹在衣裙外面，主要是包裹腹部，兼有保暖与束腹功能，是现代妇女腹带的滥觞。

---

① ［唐］房玄龄等撰：《晋书》点校本，第1610页，北京：中华书局，2010年。
② 宗凤英：《中国织绣收藏鉴赏全集》，第40页，长沙：湖南美术出版社，2012年。
③ 北朝又一说，以魏太武帝拓跋焘439年统一北方算起。
④ ［南朝·梁］萧子显撰：《南齐书》点校本，第73页，北京：中华书局，2007年。

4. 假当、反闭内衣的出现

在南朝还出现过一种类似裲裆的内衣，也呈方形，使用时，遮挡在胸前，正看与裲裆无别，只是裲裆有前后两片，一片当胸，一片当背。而这种内衣有前片而无后片，因此被戏称为"假当"，意思是假的裲裆。《南史·齐本纪》记载：

先是百姓及朝士，皆以方帛填胸，名曰"假当"，此又服袄。假非正名也，储两当而假之，明不得真也。①

还有另一种内衣，名曰反闭。对于反闭内衣，《释名·释衣服》是这样解释的："反闭，襦之小者也，却向著之，领含于项，反于背后，闭其襟也。"根据这段记录，反闭的形制是前后两片缝缀，于后背开对襟，穿着时在背后纽结，"反闭"名称由此而来；而裲裆虽然也是前后两片，但是前后分制，以带襻相连。②

图 3-16 晋代穿襦袴围蔽膝的女性（摘自《中国衣冠服饰大辞典》）——蔽膝属于有遮挡的裙裤，可以看成是上古蔽膝的遗风。沈从文先生等认为蔽膝是围裙，是针对魏晋时期的蔽膝而言。蔽膝到了魏晋时期与上古时功能发生变化，属于两种服饰，不能混为一谈。

---

① ［唐］李延寿撰：《南史》点校本，第161页，北京：中华书局，2008年。
② 周汛、高春明：《中国古代服饰大观》，第329—330页，重庆：重庆出版社，1996年。

5. 凉衣与心衣的应运而生

除了反闭内衣，这时期的内衣还有凉衣、心衣、犊鼻裈、裈等形制。

《世说新语·简傲》记载了另一种贴身所穿的内衣——凉衣。"平子（王澄）脱衣巾，径上树取鹊子，凉衣拘阂（hé，阻隔不通）树枝，便复脱去。"①何为凉衣？顾名思义，穿在身上有凉爽的感觉。笔者推测凉衣是一种面料透气、容易散发身体热量的衣服，大概类似近代香云纱一类的面料；再一种可能，其面料可能有网眼，从"凉衣拘阂树枝"的描写推想，如果是光滑平整的面料，不容易被树枝刮上，如果镂空，有网眼，情况就符合《世说新语·简傲》的描述。

晋代最具代表性的内衣是心衣。心衣其实就是汗衫，样式宽大，便于透气、通风。以吊带、束带束缚，与后世的女子内衣抹胸有几分相似，其实女子抹胸就是借鉴了心衣的形制发展而来的。

图 3-17　北朝穿心衣的男子（摘自《中国古代服饰大观》，黄强临摹，黄沐天设色）——《北齐校书图》中一组士大夫校书形象摘录，心衣乃汗衫，从形制上看有吊带，类似后来女性的抹胸。也可以这样说，女性抹胸是在魏晋男子心衣基础上演变的。

这其实说明了中国内衣发展中的几个特点：其一，早期的内衣并无严格的性别界限，男人可穿，女人也能穿；其二，早期的内衣形制多采用宽松型，

---

① ［南朝·宋］刘义庆撰，朱碧莲、沈海波译：《世说新语》，第354页，北京：中华书局，2016年。

通用性、适应性广，胖子、瘦子、高个、矮个都能穿用；其三，早期内衣与外衣的界限不十分明显，穿于外则为外衣，穿于内就是内衣；其四，内衣最初是为男性服务的，推而广之，应用到女性身上。

《世说新语·任诞》记载了阮咸晒犊鼻裈的故事。"仲容（阮咸）以竿挂大布犊鼻裈于中庭。"① 民俗七夕阳晒衣，住在路北的阮姓富有，晒衣都是绫罗绸缎。阮咸则以长竹竿悬挂犊鼻短裤，不惧世俗眼光，反传统而行之。

郁林王萧昭业的内衣还有裈（短裤）。裈同裩、䙱，又称良衣，一种前后有裆，长至膝部的短裤，男女通用。《中华古今注》曰："裈，三代不见说述。周文王所制裈长至膝，谓之'弊衣'。贱人不可服，曰'良衣'，盖良人之服也。至魏文帝赐宫人绯交裆，即今之裈也。"②

三、此袜非彼袜

对于这一时期的内衣，还要搞清概念，避免笑话。我们知道，对于袜子，现代人非常熟悉，但是袜子的最初概念是什么？与现代的袜子究竟有什么区别？可能十有八九的读者回答不上来。

1. 女性内衣曾名"袜"

南北朝时期，妇女的内衣中有一个名称叫"袜"。对于现代人来说，袜子是穿在脚上的，最早叫足衣，怎么会穿到身上去的，难道是连裤袜不成？其实足衣在古代并不是"袜"，而是"襪"（wà，袜子）或"韈"（wà，同韤，足衣），只有穿在女人身上的内衣，才称"袜"。《广韵·末韵》云："袜，袜肚。"《集韵·末韵》："袜，所以束衣也，或从糸。"梁朝刘缓《敬酬刘长史咏名士悦倾城诗》中就有"袜小称腰身"的比喻。《陈书·周迪传》："性质朴，不事威仪。冬则短身布袍，夏则紫纱袜腹。"③ 隋炀帝《喜春游歌》

---

① ［南朝·宋］刘义庆撰，朱碧莲、沈海波译：《世说新语》，第334页，北京：中华书局，2016年。
② ［五代］马缟撰，李成甲校点：《中华古今注》，第26页，沈阳：辽宁教育出版社，1998年。
③ ［唐］姚思廉撰：《陈书》点校本，第483页，北京：中华书局，2008年。

中也有"锦袖淮南舞,宝袜楚宫腰"的诗句,咏的都是妇女的内衣。

2. 束胸内衣宝袜

宝袜就是专用于束胸的贴身内衣。五代马缟《中华古今注》所谓之"腰彩"。[①]宫女以彩为之,名曰腰彩。明代杨慎《丹铅总录》卷二十一云:"袜,女人胁衣也。"明代田艺蘅称:"盖宝袜在外,以束裙腰者,视图画古美人妆可见。故曰'楚宫腰',曰'细风吹'者,此也。若贴身之袒,则风不能吹矣。自后而围向前,故又名合欢襕。沈约诗'领上蒲桃绣,腰中合欢绮'是也。其绣带,亦名袜带。"[②]又有谢偃诗:"细风吹宝袜,轻露湿红纱。"卢照邻诗:"倡家宝袜蛟龙帔。"

南北朝服饰开隋唐服饰之风尚,我们从南北朝仕女露领服饰中,可以看出这样的发展趋向。无论是交领还是圆领,因为领子开口比较大,颈脖部位裸露面积较多,其低开口领已经袒露了胸乳部。唐人服饰袒胸露乳是时尚,而南北朝的低领装已经具备了唐代袒胸装的要素。

图 3-18 南北朝仕女露领服饰(摘自《中国古代服饰研究》,黄沐天设色)——从这两款服饰我们可以看出魏晋南北朝时期仕女露领装,已经具备了唐代低胸襦裙、袒胸装的特点。

---

① [五代]马缟,李成甲校点:《中华古今注》,第26页,沈阳:辽宁教育出版社,1998年。
② [明]田艺蘅撰,朱碧莲点校:《留青日札》,第379页,上海:上海古籍出版社,1992年。

四、内衣中浴衣的出现

浴衣也是内衣的一种。在南北朝时期出现了类似今天浴衣的内衣——明衣,应该说这是内衣发展到一定时期,成熟化、定型化的表现。

1. 明衣即浴衣

对于明衣,南朝皇侃《论语义疏》有云:"谓斋浴时所着之衣也。浴竟,身未燥,未堪着好衣,又不可露肉,故用不为衣,如衫而长身也,着之以待身燥。故《玉藻》云'君衣布,晞身'是也。"[①] 就是说洗澡以后,身体上的水印还没有完全干燥,不能穿换洗好的衣服,但是赤身露体也不雅观,这时披上明衣(浴衣),以待浴后身体上的水干了。确实说得有理,符合科学道理,也很注意文明细节。不像魏晋时期竹林七贤,白眼看人,赤身裸体见客,行为放荡,是不符合中国人礼仪规范的。放荡怪诞的所谓名士风度,其实不是风度,而是陋习,有失风雅,有伤风化。身处魏晋政治黑暗环境下,竹林七贤以放浪形骸的行为,远离政治集团,不与官场同流合污,也是保护自己采取的不得已的方法,也就可以理解了。

明衣是古代一种贴身的单衫,它的作用就是浴后所穿,其功能属于浴衣一类。明衣名词的首次出现并不是在南北朝,而是春秋时期。《论语·乡党》就出现了明衣:"斋,必有明衣,布。"斋戒沐浴时,一定要有浴衣,布做的。现在的布匹一般用棉花织成,魏晋之前尚无棉花,这种布料主要是麻纻。[②]《礼记·玉藻》亦云:"浴用二巾,上绨下绤。出杅,履蒯席,连用汤,履蒲席,衣布,晞身,乃屦,进饮。"[③] 不过,当时没有指明明衣的作用,到了南北朝的皇侃首次明确了明衣的用途。

2. 内衣开始细化

笔者以为,春秋时的明衣只是单衫,与其他内衣一样,贴身而穿,天热

---

① 缪良云主编:《中国衣经》,第165页,上海:上海文艺出版社,2000年。
② 杨伯峻译注:《论语译注》,第100—101页,北京:中华书局,2015年。
③ 杨天宇撰:《礼记译注》,第496页,上海:上海古籍出版社,1997年。

时也兼有外衣的功能，还没有浴衣的概念。在其他古籍文献中，也没有专门论及明衣，这说明明衣并不如蔽膝、裈、裩（无裆裤）那么普及。到了南北朝时，内衣发展已经趋向成熟化，有了多种内衣，这时内衣开始细分化，分为男式、女式；功能趋向专业化，明衣专用于洗浴，成为中国内衣品种中的首个浴衣。从明衣质地以布为之，可以佐证当时的制作者已经注意了明衣的吸水性，面料、质地与其作用丝丝入扣。

五、简短的结论

魏晋南北朝的内衣出现了一些新概念，袜就是其中之一，这个袜子其实就是内衣，因此，谈到魏晋南北朝的袜，需要记住此袜非彼袜。

内衣从无到有，从单一品种到多品种，显示出内衣家族的逐渐繁荣，南北朝时期内衣的发展遵循了这一规律。而且这一时期的内衣开始向专业化迈进，表现为内衣以性别为分类，男女有别，女性内衣较男性内衣发达，例如有裲裆、反闭、宝袜、犊鼻裈、凉衣等品种，并且诞生了浴衣这种全新概念的内衣品种。

裲裆到了魏晋时期，由穿在里面的内衣向外发展，成为一种便服，这是内衣外穿的典型，是现在内衣外穿的起始。

服食五石散，是魏晋文人的风度，也是时代风范，清谈、怪诞的时代风范，使"褒衣博带"流行社会。"竹林七贤"袒胸露背，裸体见客，纵情放达，更是开创了有悖于传统礼教的裸露服饰风尚，社会不以裸露为耻，反视为名士风度，大加赞赏，开唐代裸露服饰、开放内衣之先河。尽管这种开创并不是有意识的所为，就其修养礼仪也不宜倡导，但是客观上却是对内衣发展的促进。正是因为有魏晋文人的无形、无意、无为，才使内衣在魏晋时期大放异彩。

无形到有形，无为变有为，中国内衣发展轨迹体现了这样的特点。因为服饰发展由御寒、遮体，到美化、等级，贯穿着从无到有，内衣的流变更是如此。

人们起初本无内衣的概念,因为生活需要,逐渐从服装中分化出内衣一支,其形制也是渐进、演变的。

魏晋文人崇尚清谈,是因为意识形态中受到玄学、黄老之术的影响,以纵情放达抵制思想的禁锢,以清谈显示品格的独特,因服药引发身体发热,皮肤溃烂,必须"褒衣博带"。思想的有所追求,体现在生活以及服饰上则是无拘无束,魏晋文人追求神仙的生活,无意于服饰的创造,但是无心插柳柳成荫,无所顾忌的思想在服饰上却结出了硕果,化为有形的服饰(内衣)。

图3-19 西魏时期敦煌壁画南壁裸体飞天(摘自《敦煌性文化》)——敦煌壁画反映的风俗对当时社会影响甚大,西魏时期的这幅裸体飞天壁画是对身体裸露的肯定,与魏晋时期文人袒胸,饮酒纵情,仕女穿低领装,表现的风格是一致的。

第四章
慢束罗裙半露胸——隋唐五代时期的内衣

经历了南北朝的政权更替频繁，社会动荡变化，中国人民颠沛流离，饱经战争的创伤，历史长河终于流淌进了隋唐时期——封建社会的巅峰时期，也揭开了中国服饰发展史上最为辉煌的一页。

一、隋唐时期服饰变革的背景

隋唐时期是中国历史变革时期,民族的大融合,为文化的融合创造了外部的条件。隋唐时期服饰的变化受多种因素的影响,首先来源于外来民族的影响。唐代的开国皇帝李渊原本就有鲜卑血统,受到中原文化的影响,因此,在唐代这个以汉化为主导的中原王朝,后人视为离经叛道的事情是可能发生的,也是极为正常的。

图4-1 隋代穿襦裙的妇女——襦本是长不过膝的短衣。襦裙是隋唐兴起的一种襦与裙结合的妇女常用服饰。

图4-2 隋代穿对襟大袖衫妇女(摘自《中国服饰名物考》,黄沐天设色)——对襟大衫,衣领绕颈,于胸前合并,垂直而下,这样颈部有较多的部位裸露于外,适合夏季穿戴。

1. 唐代国力强盛向外辐射

由于国力的强盛,唐王朝对周边国家的影响是巨大的,唐代成为当时世界的一个政治经济文化中心,具有向外辐射、向内凝聚的扩张力和内聚力,许多国家的使臣、留学生和艺人纷纷拥向唐朝,进贡、沟通、留学、交流、谋生,等等。唐代流寓在长安的胡人、西域人有数千之多,"久居其间,乐不思蜀,遂多娶妻生子,数代而后,华化愈甚,盖即可称之为中国人矣"[1]。

民族大融合、大交流,除了本土文化影响外来的胡人、西域人,他们带来的本国、本民族文化同样也影响着唐朝的文化,唐代兼收并蓄的包容性,

---

[1] 向达:《唐代长安与西域文明》,第31页,北京:生活·读书·新知三联书店,1987年。

不仅不排斥外来文化,反而广为吸纳。"一切文物亦复不问华夷,兼收并蓄。第七世纪以降之长安,几乎为一国际的都会,各种人民,各种宗教,无不可于长安得之。……异族入居长安者多,于是长安胡化盛极一时,此种胡化大率西域风之好尚:服饰、饮食、宫室、乐舞、绘画,竞事纷泊。"①

胡服、胡妆为一时之盛,时人趋之若鹜,以为时髦之妆,时尚之服。唐人元稹《和李校书新题乐府十二首·法曲》有"自从胡骑起烟尘,毛毳腥膻满咸洛。女为胡妇学胡妆,伎进胡音务胡乐"之叹。丝绸之路的开辟,加速了纺织品和中外服装样式的交流,唐代的新装、时装不少是西北少数民族或中亚各国乃至波斯的服饰,唐代通称"胡服"。②

2. 唐代服装吸纳了胡服的特点

与中原服饰相比,胡服不仅帖服、

图4-3 唐代彩绘翻领胡服女立俑(陕西历史博物馆藏)——1952年陕西省咸阳市渭城区北杜镇边方村杨谏臣墓出土。彩绘陶俑,高52厘米。胡装与汉装是有区别的,胡服紧身,大翻领使颈部裸露在外的部位较多。

紧身,而且风格开放。唐代吸纳胡服,社会引为时尚,与唐代统治者的出身也有很大的关联。李唐氏族出于蕃族,③即北方少数民族。从北朝起,其祖先征战疆场,戎马一生,充满尚武风气。表现在服饰上,崇尚简洁、干练、贴近自然。"因其出身异族,声威及于葱岭以西,虽奄中原,对于西域文明,

---

① 向达:《唐代长安与西域文明》,第47页,北京:生活·读书·新知三联书店,1987年。
② 段文杰:《敦煌艺术论文集》,第257页,兰州:甘肃人民出版社,1994年。
③ 向达:《唐代长安与西域文明》,第4页,北京:生活·读书·新知三联书店,1987年。

亦复兼收并蓄。"[1] 无论是在歌舞表演，穿着打扮，还是在婚姻宗族活动中，李唐氏族这种吸收民族习俗，天然包容力的特点都贯穿始终，影响到有唐一代。唐太宗就鼓励诸王、公主，与当朝勋贵名臣通婚，不再与士族联姻。大唐公主外嫁蕃族的很多，最著名的莫过文成公主。因为社会风气开放，唐代妇女包括公主改嫁的也很多。宽松、开放的氛围对于封建社会的妇女来说尤为难得，唐代前所未有的开放意识、包容性，为封建社会后期女性所不及。唐人信仰比较自由，唐代妇女地位较高，妇女所受的封建礼教束缚比较少，妇女生活在宽松的环境中，思想言行活动都比较自由，经常在社会上抛头露面。换言之，唐代妇女社会交际广泛，社交活动的开放，需要她们讲究穿衣打扮，也更加注意着装艺术。

3. 唐代纺织业的发达

唐代手工艺品日益精巧，纺织业尤其发达，为唐代服饰的繁荣准备了必要的技术手段和物质基础。唐代手工业分为官营、私营两种，官营产品供宫中和朝廷使用，私营供商贾贩卖致富。宫中掌管纺织业务的有纺染署、少府监，纺染署掌管皇室及群臣的纺织品，已经能生产文彩奇丽的瑞锦、宫绫；少府监掌管织纴（rèn，纺织），生产的百鸟毛裙非常出名。唐代张鷟《朝野佥载》卷三记载："安乐公主造百鸟毛裙，以后百官、百姓家效之。山林奇禽异兽，搜山荡谷，扫地无遗。"[2] 这种鸟毛织造的裙子非常特别，奇异之处在于变色。正看是一色，倒看是一色，白昼看是一色，灯影下看是一色，百鸟形状，都显现在裙子上。《新唐书·五行志一》记载："正视为一色，旁视为一色，日中为一色，影中为一色，而百鸟之状皆见。"[3]

民间的纺织行当就更为发达了。唐代劳动妇女几乎没有不从事织纴的。民间的生产水准也是非常高的，有了一些特技，显示出民间卓异的创造力。

---

[1] 向达：《唐代长安与西域文明》，第4页，北京：生活·读书·新知三联书店，1987年。
[2] [唐]张鷟、范摅撰，恒鹤、阳羡生校点：《朝野佥载 云溪友议》，第34页，上海：上海古籍出版社，2023年。
[3] [宋]欧阳修、宋祁撰：《新唐书》点校本，第878页，中华书局，2017年。

在敦煌千佛洞曾发现过唐朝的薄绢,绣有精细的佛画。这些特制品花样繁多,设专官监视,不许流传到民间。敦煌千佛洞所有的绢幡,都是用一种几乎透明的薄绢,挂在穹门或到佛堂去的过道上,不阻碍光线。[①] 民间纺织精品有缭绫、八梭绫、轻容(无花薄纱,是最轻的一种纱)、轻绢、红线毯等,唐代诗人白居易《缭绫篇》就说过:"缭绫缭绫何所似?不似罗绡与纨绮。应似天台山上月明前,四十五尺瀑布泉。……异彩奇文相隐映,转侧看花花不定。"对唐代纺织品评价甚高。

4. 唐代生活安逸注重服饰美化

社会安定,生活安逸,使人们有经济能力和条件,讲究服饰的穿戴。妇女心情舒畅,身体健康,有更多的精力追求服饰的形式之美,也对服饰款式有了更多的需求。同样,身心健康表现在服饰上也是充满朝气,适合以袒露的薄纱表现服饰的色彩美、款式美,以及穿戴者的体形美、体态美、风情美。

图4-4 唐代襦裙半臂展示图(摘自《中国历代服饰》)——半臂本是短袖上衣,其制由汉魏半袖发展而来。初唐为宫中女侍之服,晚期流传于民间,成为一种常服,男女均可穿着,但还是以女性穿着为多。

---

① 范文澜:《中国通史》,第3册,第300页、308页,北京:人民出版社,1979年。

唐代的封建礼教也处于一个宽松的状态，女子所受的压迫也相对轻一些。开放的风气，使唐代的妇女沐浴在灿烂的阳光下，享受生活之美，追求健康的外形美，尽情展示她们的聪明才华，构成了让后世为之赞叹、赞美的灿烂的女性文化，表现在妇女服饰上就是锦绣辉煌的华丽服饰之美。

二、隋唐服饰的特点

开放的社会，开放的民风，兼收并蓄的文化背景，使得隋唐时期的服饰也发生了巨大的变化。

1. 大唐服饰的异样色彩

原本李唐王朝就有鲜卑、匈奴等血统，它的服饰保留着多民族的风格——开放性，这种异样的风格，使大唐在服饰文化中有了异样的色彩。大唐国力强盛，经济发达，纺织业也非常鼎盛兴旺，纺织产品新品层出不穷，精彩纷呈。唐代的纺织品面料也有不少新品。纱、罗制作得轻、薄，色彩艳丽，被大量地运用到服饰设计、裁剪中。唐人的帔子通常"用薄质纱罗作成，上面或印花，或加泥金银绘画"[1]。美国汉学家谢弗认为，孔雀罗是唐代纺织品中最具华美艳丽特色的一个典范。根据他考证，孔雀罗是由河北道恒州织造的，它是一种精美华贵、表面闪光的织物。[2]从六世纪起，孔雀罗就成了追求奢侈时尚的妇女喜爱的一种织物。隋朝宫女丁六娘就有这样的心愿：裙裁孔雀罗，红绿相参对。映以蛟龙锦，分明奇可爱。粗细君自知，从郎索衣带。（丁六娘《十索四首》）

唐代前期妇女服装，主要有裙、衫、帔子三种，下身束裙。"上穿小袖短襦，下着谨慎长裙，裙腰束至腋下，中用绸带系之。以后数百年间，虽屡经变化，但始终保持这个基本样式。"[3]裙之色彩非常丰富，以艳丽色调为主，有红、紫、黄、绿等色，其中红色裙最为人们推崇。

---

[1] 沈从文编著：《中国古代服饰研究》（增订本），第247页，上海：上海书店出版社，1997年。
[2] ［美］谢弗著，吴玉贵译：《唐代的外来文化》，第197页，北京：中国社会科学出版社，1995年。
[3] 周汛、高春明：《中国历代服饰》，第110页，上海：学林出版社，1994年。

图 4-5 《虢国夫人游春图》局部（辽宁省博物馆藏）——唐代画家张萱绘制。原作已佚，现存的是宋代摹本，有传闻系宋徽宗摹，绢本设色，纵 51.8 厘米 × 横 148 厘米。记述的是唐开元天宝年间贵族妇女与婢仆出行。这群贵妇人就是杨贵妃的三位姐姐韩国夫人、虢国夫人、秦国夫人。人物状态从容，衣着淡雅。这幅画似为唐代张祜《集灵台》："虢国夫人承主恩，平明骑马入宫门。却嫌脂粉污颜色，淡扫蛾眉朝至尊" 讽刺诗的图解。

图 4-6 《虢国夫人游春图》中的贵妇人——这里的贵妇人指《游春图》中的虢国夫人。她处于全画中心点,双手握缰,脸庞丰润,蛾眉淡扫,不施脂粉,鬓发浓黑,高髻低垂。内着齐胸(低胸)襦裙,外着淡青色窄袖上衣,披白色披帛,穿描金团花的胭脂色大裙,裙下微露绣鞋。

2. 轻薄面料的应用

唐代女性服饰偏好采用透明的薄纱为面料。唐代贵族妇女喜欢穿宽大的长裙，裙裾拖曳在地上，上身里面往往不穿内衣，紧着一件薄薄的纱衣，颈部、胸部、手臂的大部分裸露在外，① 肌肤在透明的薄纱下隐隐绰绰。

唐人的帔，亦称披帛，又称画帛，是一种罩在紧身襦衫外面、披围于肩背之上的帛巾，长度一般在两米以上，用时将它披搭在肩上，并盘绕在两臂之间，垂曳而下，于行走时随风飘动，形似飞天，飘飘欲仙。从传世的唐代的画中及陶俑中，我们可见到唐代妇女在肩背间披一幅长巾，就是流行的长画帛。②

图 4-7 《捣练图》中唐代穿披帛的妇女（美国波士顿美术博物馆藏）——唐代张萱绘制。绢本，设色，纵 37 厘米 × 横 145.3 厘米。现存绘画系宋徽宗赵佶摹本。此图描绘了唐代城市妇女在捣练、络线、熨平、缝制劳动操作时的情景。披帛就是披巾，通常以轻薄的纱、罗为之，上面印有图案，始于秦汉，盛于唐代，多用于宫嫔、歌姬与舞女，唐代开元年之后，普及民间。行走时随风摆动，有如两条飘带。

---

① 赵超：《霓裳羽衣——古代服饰文化》，第 178 页，南京：江苏古籍出版社，2002 年。
② 周锡保：《中国古代服饰史》，第 196 页，北京：中国戏剧出版社，1986 年。

经济的繁荣，服饰的繁盛，说明社会对服饰的欣赏与鼓励。轻罗、薄质面料被大量运用到服装设计中，必然带来服饰款式的变化，尤其是内衣的变化。

三、隋唐时期的内衣样式

唐代女装的领子有多种样式，比较常见的有圆领、方领、斜领、直领和鸡心领。这些领形与唐人袒露、开放的内衣搭配不仅协调，而且凸现了唐人内衣的性感魅力。隋代贵族女子内衣袖小，外衣作三四尺大袖，如后世所谓"海青褶"。[①] 敦煌390窟壁画进香图是这种内衣服饰的佐证，贵族女子内着齐胸襦裙，外披翻领、无短袖的大袖衫，是当时的一种时尚穿衣。

1. 盛唐流行袒领装

盛唐还流行过一种袒领，里面不穿内衣，袒胸脯于外。所谓不穿内衣，是指在袒领装之内，不再穿裹肚、抹胸之类的贴身内衣，换言之，袒露装犹如后世的内衣外穿。唐人的裙，为束胸、曳地大幅长裙，领口之低、胸部之袒露，实为当今妇女常服所不及。唐诗中关于女性开放装束有许多诗句描述，有诗云："细细轻裙全漏影，离离薄扇讵障尘。"（谢偃《乐府新歌应教》）"长留白雪占胸前"歌咏的都是这类服饰和由暴露装表现出来的形态。类似的记录、描写，在唐人的诗文中还有许多，如：

> 羞重锦之华衣，俟终歌而薄袒。（沈亚之《柘枝舞赋》）
> 急破催摇曳，罗衫半脱肩。（薛能《柘枝词》）
> 胸前瑞雪灯斜照，眼底桃花酒半醺。（李群玉《同郑相并歌姬小饮戏赠》）
> 莫道妆成断客肠，粉胸绵手白莲香。（崔珏《有赠》）

[①] 沈从文编著：《中国古代服饰研究》（增订本），第255页，上海：上海书店出版社，1997年。

图4-8 唐初宫装妇女(摘自《华夏衣冠五千年》)——唐代懿德太子李重润墓石椁线刻宫装妇女复原图。懿德太子系武则天与唐高宗李治的长孙,其墓园位于陕西乾县北部梁山,是武则天、李治乾陵的陪葬墓。其墓棺椁上刻有唐代女性图像。女性着装低胸凹形方形领,使胸乳部更加突出、傲人。唐代女性意识到女性两点挺拔散发出的女人味,因此着装不仅突出身体的丰满、体态的丰腴,更不忘凸现乳房的丰隆。

2. 罗裙半露胸

唐代妇女的裙腰束得极高，见杨贵妃浴后事及唐时所做的壁画陶俑，且有裙腰上半露胸的。[①] 有诗云："慢束罗裙半露胸"（周濆（fén）《逢邻女》），"粉胸半掩疑晴雪"（方干《赠美人》），"二八花钿，胸前如雪脸如莲"（欧阳炯《南乡子》）。

图4-9 低胸坐姿的唐三彩俑（陕西历史博物馆藏）——1953年陕西西安王家坟村第90号唐墓出土。彩俑高47.3厘米。女俑梳高髻，内穿褐色袒胸领窄袖衫，外套黄白地绿色花纹短襦（半臂），下着嫩绿色百褶长裙，裙上绣褐色柿蒂形花。长裙高束胸前，裙带结自然下垂，裙裾宽舒，长垂曳地。坐于熏笼（又说束腰墩形坐具）上。孙机先生考证，坐具名为筌蹄，本属藤制品，供人坐之处的圆面小，接地之处的圆面大，两圆面间以纵线条连接，中部微有束腰。

---

① 周锡保：《中国古代服饰史》，第196页，北京：中国戏剧出版社，1986年。

唐代流行胡服，许多服装款式来源于胡人、西域甚至波斯。印度因气候酷热而流行"褊（biǎn，狭小）衣"服，即一种窄小、洒脱的紧身上衣，类似于西域胡人短襦，很快为唐代妇女所接受，形成裙装中的紧身上衣——襦衫。衫，又叫襦，亦称半臂，是一种领口宽敞、袒露胸部的短上衣。唐代女性不分尊卑，都喜好穿胡服，甚至冲破了"男尊女卑"的封建樊笼，以身着男人衣冠鞋帽为时尚，更进一步完成了从唐初到永徽后的"渐为浅露"的飞跃。

图4-10 唐代妇女形象绢画——绢画《舞伎图》，新疆吐鲁番阿斯塔那唐墓出土。图中舞伎梳高髻，着胡服，敞口领，微露胸脯。

图 4-11　唐代穿襦裙半臂披帛宫廷侍女——唐永泰公主墓壁画。永泰公主李仙蕙系唐中宗李显第七女,其墓位于陕西省咸阳市乾县,是唐高宗与武则天乾陵陪葬墓。墓内的墓道、天井、过洞、甬道、前室、主室全绘有壁画,每幅画的内容也各有不同。这幅壁画描绘了唐代宫廷侍女的服饰,穿襦裙半臂的女性似乎都在有意地将乳部挤压凸现于领口,显示出女性的迷人魅力。

图4-12 唐代着半臂妇女泥塑（摘自《中华历代服饰泥塑》）——根据唐永泰公主壁画图像塑造。女性半臂呈对襟，衣式短小，长及腰际，两袖宽大平直，长不掩肘。襦裙半臂微露胸，衣袂飘飘仙女来。

3. 盛唐内衣面料薄质

盛唐时流行服饰，衣着薄质，"或轻容花纱外衣，披帛也用轻容纱加泥金绘，内衣有的作大撮晕缬（xié）团花"[1]。在薄质面料上，注意了装饰。从文献记载上看，主要是织造工艺改进后，面料上已经能作出团花图案。

肌肤在薄透的绣有晕缬团花纱罗下，朦朦胧胧隐约可见，让人浮想联翩。在温泉浸泡中，更是充满着风情诱惑，让人心旌摇荡。白居易《长恨歌》有云：

> 春寒赐浴华清池，温泉水滑洗凝脂。
> 侍儿扶起娇无力，始是新承恩泽时。
> 云鬓花颜金步摇，芙蓉帐暖度春宵。

白居易《上阳白发人》也有云"脸似芙蓉胸似玉"，既夸赞宫女美艳惊人，肌肤细滑，又赞美宫女低胸装的惊鸿一现，夺人眼球，惊人魂魄。

到了中唐，出现了"绮罗纤缕见肌肤"的服装，里面不着内衣，仅以轻纱蔽体，微风掠过，轻纱飘扬，恰似烟云缭绕，薄雾飘浮，美不胜收，这种服装一直流传到五代。

晚唐五代时期的妇女也喜爱着衫，尤其到了夏季，更以穿着宽大衫子为尚。这时期的衫子多以轻如雾縠、薄如蝉翼的纱罗为之，唐和凝《麦秀两岐》诗云"淡黄衫子裁春縠"，南唐后主李煜《长相思》亦云"澹澹衫子薄薄罗"，咏的就是这样的薄罗衫子。一般来说，妇女穿纱罗制成的衫子，里面往往不再加衬衣，轻薄纱罗面料制成的衫子使得肌肤隐约可见。五代花蕊夫人有《宫词》为证："薄罗衫子透肌肤。"[2]

---

[1] 沈从文编著：《中国古代服饰研究》（增订本），第280页，上海：上海书店出版社，1997年。
[2] 高春明：《中国服饰名物考》，第546页，上海：上海文化出版社，2001年。

图4-13 郑曼陀作品《杨贵妃出浴》——郑曼陀作品表现的是唐代杨贵妃出浴,其实反映的是现实的事状,借古代旧瓶装新酒。

四、内衣展示曲线之美

在袒露襦衫出现的同时,还出现了一种名为"祠(hè,衣袖;kè,夹衣;huǎ,小衫)"的内衣,系于裙腰之上,掩盖胸部乳房,形似今天的胸罩。

图 4-14 唐代《内人双陆图》(美国弗利尔美术馆藏)——唐代周昉绘制,绢本,设色。纵 30.7 厘米 × 横 64.4 厘米。

1. 杨贵妃所制诃子

据说此种内衣系杨贵妃所创。《唐宋遗史》称，杨贵妃与安禄山私通，秘嬉时，杨贵妃胸乳被安禄山指尖抓伤，贵妃恐被唐玄宗看到伤痕，发现她与安禄山的私情，遂以金为诃子遮挡。后宫女子见之皆效仿，遍及民间。

杨贵妃的纵情，并非只对安禄山一人。她在宫中举止放荡，常常身披轻薄服饰，与皇帝嬉戏。《情史·情秽类》记录：

> 贵妃常中酒，衣褪微露乳，帝扪之曰："软温新剥鸡头肉。"禄山在傍对曰："滑腻初凝塞上酥。"上笑曰："信是胡人只识酥。"[1]

按照现代的科学观分析，杨贵妃注意了内衣服饰轻、薄、透传递的性感信息，以此打动君王，博其欢心。因为她的放纵，发明了诃子，使后来的中国女性有了保护胸乳的中国式胸罩。

唐代内衣的直露，并不仅仅在宫廷中有，社会生活中，开放的女性也借助内衣来展示曲线的优美，性感的情愫。在传世的《女妖图》中也能看到，女妖上身着元和时世装，露出了红绫抹胸，[2]让人意乱情迷。

2. 透明大衫露而不裸

在唐代的绘画中，对妇女的开放装束也有许多反映，如张萱、周昉等人的绘画。尤其需要重点提及的是周昉的《簪花仕女图》，所绘妇女皆披帔。透明大衫穿在宫女身上，宛如笼罩了一层轻雾，朦胧中又有那么一份剔透，含而不露，露而不裸，有色而不淫。简约造型，东方风韵，尽在仕女簪花之中。罕见的新奇装束，只有在唐代这个开放的社会才会出现。

此外张萱《虢国夫人游春图》中的虢国夫人（杨贵妃之姐），永泰公主墓壁画所绘侍女，韦顼（xū）墓所绘贵妇人，懿德太子墓石刻宫廷女官，都

---

[1] [明]詹詹外史辑，张福高等点校：《情史》，第516页，沈阳：春风文艺出版社，1982年。
[2] 沈从文编著：《中国古代服饰研究》（增订本），第258页，上海：上海书店出版社，1997年。

袒胸露乳，或特意勾勒出胸部饱满的轮廓。韦泂（yíng）墓壁画一个少女，身穿罗衫，实即等于半裸。[1]唐人所绘女子形象，双乳微露袒领之外非常普遍，并不稀奇，只是宋元以降，理学盛行，袒露装受到理学家的斥责，才没有了踪影。

图4-15 《簪花仕女图》局部（辽宁省博物馆藏）——唐代周昉绘制。绢本，设色。纵46厘米×横180厘米。说及唐代女性袒露装，就必须提及这幅《簪花仕女图》，其画风体现出唐代的丰硕之美，其服饰表现出开放风格。

---

① 王维堤：《中国服饰文化》，第97页，上海：上海古籍出版社，2001年。

第四章　慢束罗裙半露胸——隋唐五代时期的内衣

3. 轻纱蔽体系唐女的创举

唐代以胖为美，女性追求体态的丰腴。由于身材的丰硕，服装渐趋宽大，外来服饰轻纱衬映出肌肤若隐若现的朦胧之美，为社会所倾倒，渐渐融入唐代妇女服饰设计之中。女服以纱罗作衣料成了惯用的技法，更是唐代妇女服饰的显著特点。丰硕的体格，传递出健康向上的情调，迸发出青春激扬的活力。

图 4-16 《簪花仕女图》中穿薄罗衫的簪花仕女——唐代女性穿着这样的纱罗衫，里面一般不着衬衣，肌肤隐约可见。

唐代妇女身上流露出来的和硕之美，丰腴之态，确实是中国历史上妇女形象的光彩之页。因为推崇个性的张扬，性感的展露，唐代妇女不以暴露肌肤为耻，反而引以为荣。她们喜爱穿着暴露，向世人展示她们光洁润滑的肌肤，"胸前粉占雪"的胸脯，丰隆的乳峰。不着内衣，仅以轻纱蔽体的装束，更是她们的创举，所谓"绮罗纤缕见肌肤"便是对这种服装的概括。

图4-17 《簪花侍女图》中穿大袖透明衫子的宫女——薄透见肌肤，唐代透视装呈现内衣的华美与性感风情。

五、敦煌文化中的内衣

说到唐代服饰文化,就必须说到敦煌文化。敦煌文化大部分是对唐代中原文化的反映,唐代经济发达,商业繁荣,丝绸之路贯通,滋润着敦煌文化。

图4-18 敦煌壁画329窟唐供养人(黄沐天设色)——穿桃形领半臂,薄纱小衫,窄袖紧袖,露胸,下系间色条纹高腰裙。

1. 敦煌服饰丰富多样

敦煌主要指莫高窟、西千佛洞,有时包括安西榆林窟。敦煌石窟开凿从十六国开始到元代,时间跨度一千多年,历经北魏、西魏、北周、隋、唐、五代、北宋、西夏、元等朝代。

敦煌服饰呈现多民族、多元性的特点。一方面体现宗教服饰特色,敦煌壁画中佛造型甚多,供养人像有世俗化表现,也有宗教化倾向;另一方面展现西域及周边吐蕃、匈奴、鲜卑、突厥、回鹘、蒙古等民族服饰,也有中亚、西亚乃至欧洲的服饰身影,波斯小口裤就出现在敦煌壁画中。[①] 不过,敦煌服

---

① 谭蝉雪:《中世纪服饰》,第17页,上海:华东师范大学出版社,2010年。

饰仍然以汉民族服饰为主。

魏晋南北朝时期，民族迁徙，南北交流，北方的裤褶服传到南方，经过汉化改造，又传到北方。北魏孝文帝改革，推行汉化运动，禁胡服，禁说胡语，改着汉人服饰。隋唐时期汉民族喜欢穿胡服，大唐长安城满是穿胡服的，西域、敦煌地区的胡人则以汉装为时尚潮流，穿大袖宽袍的汉装的胡人随处可见。"移风易俗"的汉化改革，是向先进的生产力靠拢，向文明社会发展，以达到兴利除弊，富民强国的目的。历史上战国赵武灵王"胡服骑射"变革，北魏孝文帝汉化改革，都实现了这一目标，影响深远。

2. 素胸未消透轻罗

敦煌文化反映了唐代性风俗、内衣服饰文化。"公元1世纪前后，随着佛教的传入，犍陀罗艺术和希腊佛教艺术也传入了我国西北地区。伴随着犍陀罗艺术的影响，裸体或半裸体的风俗就在整个西域包括敦煌和吐鲁番地区发展起来。"[1] 当时在西域唐人中盛行裸体舞，半裸装扮是头上梳高髻或双环髻，露乳与脐，下部着纱裙，以绣花遮或披云纱。敦煌曲子词就有不少露酥胸内衣的记载：

> 素胸未消残雪，透轻罗。(《云谣集·凤归云》)
> 素胸莲脸柳眉低，一笑千花羞不坼(chè，裂开)。(《云谣集·浣溪沙》)
> 雪散胸前，嫩脸红唇。(《云谣集·内家娇》)
> 胸上雪，从君咬。(《云谣集·渔歌子》)

轻纱薄透，掩盖不住纱罗下的雪白肌肤，粉嫩的胸脯，朦胧之中现窈窕，欲望的诱惑，激情的澎湃，尽在妙蔓薄纱之中。

---

[1] 刘达临：《中国古代性文化》，第479页，银川：宁夏人民出版社，1993年。

图4-19 敦煌壁画唐人穿珍珠裙半裸舞(丁一欣临摹,黄沐天设色)——上部乳房裸露,下阴遮以绣花饰,穿珍珠裙,戴手饰、耳饰、项链、臂饰。

图4-20 敦煌壁画唐人半裸时髦装(丁一欣临摹,黄沐天设色)——梳宝髻,露脐与乳,手执珠带,是当时最时髦的装扮。

图4-21 敦煌壁画唐人穿半裸舞扎彩带(丁一欣临摹,黄沐天设色)——梳高髻,手、耳、胳、颈、胸等饰物同样,背上披纱,下部臀部扎彩带。

图4-22 敦煌壁画唐人半裸舞(丁一欣临摹,黄沐天设色)——上身露乳,下身围纱罗,手臂处有系带。

图4-23 敦煌壁画唐人承欢（丁一欣临摹，黄沐天设色）——人物全裸，仅披彩带，这是西域地区女性日常生活中的表现。

图4-24 敦煌壁画全裸舞（丁一欣临摹，黄沐天设色）——唐代西域地区盛行跳裸体舞，图画记录了这种风俗。

3. 壁画所见暴露装束

敦煌唐人壁画更是形象地描绘了半裸或全裸的场面，从图中我们不难看出这些女子的暴露装束。女子往往上部裸露乳房，下阴遮以绣花纹，穿珍珠裙、纱罗裙，戴手饰；或背披轻纱，下部臀部扎以彩结；或穿露脐露乳装，手执珠带，据说这是当时最时髦的打扮；还有全裸的装束，只在背上披以轻纱、彩带，手臂部位饰以金银装饰，据说这是富家女的装扮。概括壁

图4-25 敦煌壁画唐人浴后献罗帛（丁一欣临摹，黄沐天设色）——裸体在西域唐人生活中是一种时髦装束，大家不以为耻。洗浴后，侍女要向女主人献上罗帛，以示恭敬。

图 4-26 敦煌壁画唐人纳箫（丁一欣临摹，黄沐天设色）——半裸体，肩上披彩带（帛）。

图 4-27 敦煌壁画唐人吹笛（丁一欣临摹，黄沐天设色）——上身裸露，下身着纱罗。

图 4-26　　　　　图 4-27

 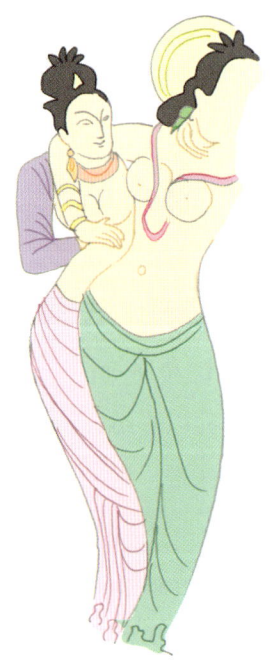

图 4-28 敦煌壁画唐人献茶（丁一欣临摹，黄沐天设色）——来了客人，请美女跳上一段裸舞，由裸体舞女奉上香茶，是对客人的尊重与友好礼仪。舞女全裸，献茶女半裸。

图 4-29 敦煌壁画唐人允诺（丁一欣临摹，黄沐天设色）。

图 4-28　　　　　图 4-29

画中的服饰，我们不难看出唐代服饰的裸露和人体的裸露，已经成为社会引为自豪的风尚，渗透到了社会生活的每一个角落。社会不以裸露为耻，反而倍加推崇，一是认为人体是最美的，二是利用了服饰薄纱、轻罗，朦胧之间产生的距离之美，以隐约传递性感信息。裸体与裸露装、透视装是当时女性最时髦的装束。

图4-30　敦煌壁画唐人裸眠（丁一欣临摹，黄沐天设色）——西域唐人有不着内衣裸睡的习俗，全裸状，仅在颈、手腕、腿部装有花饰。

六、五代服饰及其内衣

这里的五代指五代十国时期（907—979），在中原地区存在后梁、后唐、后晋、后汉和后周五个朝代，合称五代。与五代同时期，唐末、五代及宋初，中原地区之外存在过前蜀、后蜀、南吴、南唐、吴越、闽国、南楚、南汉、荆南（南平）、北汉等十个割据政权，统称十国。

五代时期，中原王朝不断更迭，政治形势不稳定，社会生产基本陷于停滞。

较之中原政权,南方政局相对稳定,社会生产不同程度地有所发展,尤以长江下游的南吴、南唐以及吴越比较显著。其中,南唐是五代十国时期经济最为发达的朝代,南唐鼎盛时期疆土在十国中最大,版图跨越今天的江苏、江西、安徽、湖南、湖北、福建等。

1. 五代服饰特点

五代服饰上承李唐制,下启两宋。官员服饰中公服、常服沿袭唐制度,以紫、绯、绿等服色区别官秩高低,佩金紫、银绯鱼袋。帝王戴通天冠、绛纱袍。五代时期诞生了对宋代影响甚大的幞头。五代的冠帽颇具特点,品种也多。后唐李存勖时期圣逍遥巾、安乐巾、珠龙便巾、清凉巾、宝山巾、交龙巾、太守巾、六合巾、舍人巾、二仪幞头等二十多种。南汉刘氏作平顶帽,时人以此为时尚,名曰"安丰顶"。后汉出现弓脚幞头、高脚幞头。后蜀王建喜欢戴大帽,受百姓追捧,出行也戴大帽;后蜀王衍自制尖顶主状如锥的夹巾,庶民效仿,晚年又制名为危脑帽的小帽,又流行起来。[1]南唐韩熙载创立轻纱帽,俗称"韩君格格",在南唐顾闳中《韩熙载夜宴图》中有图像。

五代十国服饰虽然受李唐王朝影响,但是地处不同地区,所谓"三里不同乡,十里不同俗",各朝各国的服饰与地理环境、文化结合,也呈现出不同的特点。后梁有通天冠,绛纱袍;后汉有文绫袍,银叶弓脚幞头;后晋有乌纱金,赭黄袍;后唐有千折裙,又称拂拂娇的彩裙;南唐有进项冠,黄纱袍,白纱中单。

南唐衣服分四种:第一种方领长袍,右衽,衣袖宽大,内衬窄袖,胸前有下垂的长带,衣带宽大,广袖内露出窄袖。第二种圆领长袍,右衽,胸前有束带,腰下左右开衩,露出内衣的衣角和靴子的侧面。第三种战袍全身披铠甲,流苏下垂,至脚部。第四种舞衣,分袒胸露腹的翻领舞衣与圆领舞衣两款,长不过膝,长衣袖,腰间有束带,[2]腰下左右开衩,露出里面的内衣。[3]

---

[1] 周锡保:《中国古代服饰史》,第243—244页,北京:中国戏剧出版社,1986年。
[2] 南京博物院编著:《南唐二陵发掘报告》,第107—109页,南京:南京出版社,2014年。
[3] 南京博物院编著:《南唐二陵发掘报告》,第113页,南京:南京出版社,2014年。

图 4-31 五代王处直墓壁画侍女图——河北曲阳县五代义武军节度使王处直墓壁画。壁画侍女有两幅：双侍女图、侍女与童子图。这是第一幅《双侍女图》，绘于西耳室北壁，侍女二人徐徐而行。前面的仕女梳高髻，戴花插梳，缀圆形钿子。着长裙白襦，披披巾，内穿红色抹胸，腰束绦带，足穿高头履，双手捧食盒。后面侍女梳双髻，发辫下垂成两股，也是戴花插梳。白色襦衫里面露出红色抹胸，腰束绦带，足穿高头履，双手抄在袖中。两位侍女从衣着与姿态来说，也有等级区别，诸如太太的贴身侍女、烧火做饭的婢女。

南唐的冠帽有道冠帽、莲瓣帽、方形帽、幞头、风帽、甲胄（zhòu）。① 南唐女子裙子以纤细为尚，这是变唐制而逐渐向宋代过渡的端倪。

2. 南唐的内衣

南唐的女性服饰呈现开放的特点，继承了唐代崇尚的"薄、透、露"的风尚。南唐后主词中有云："云一绸，玉一梭，淡淡衫儿薄薄罗。轻颦双黛螺。"（《长相思》）李昪钦陵的女俑穿广袖直衿外衣，胸前露出抹胸，袒露颈下和前胸一部分，下着曳地的长裙。李璟顺陵的女俑也有同样的衣饰，双手包在袖内，拱于胸前。② 对于内衣抹胸，南唐是推崇的，李煜《谢新恩》词中就有"双鬟不整云憔悴，泪沾红抹胸"之句。

3. 五代后周的抹胸

五代的内衣，从出土文物发掘，主要是抹胸。1992年4月咸阳市文物考古研究所发掘后周冯晖墓，墓室壁画描绘了五代内衣的形制。

冯晖墓地处陕西省彬县底店乡前家嘴村，墓中有彩绘浮雕与壁画，分为东西两壁，东壁雕塑男性14人，西壁雕塑女性14人。西壁第二人身着褐领红色广袖右衽长衫，腰部系结，长衫上饰团花图案，内为抹胸，曳地长裙。第四人身穿红色广袖右衽长衫，内为红色抹胸，红色曳地长裙。第五人，内为红色抹胸，红色曳地长裙。第十人，高0.74米，内为抹胸，红色曳地长裙。壁画东壁东侧室右侧绘一侍女，身着红底黄团花对襟宽袖女袍，内着红色抹胸，红色长裙。右侧还有一捧唾盂侍女侍立，身着淡红色对襟宽袖女袍，内着淡黄色抹胸，淡黄色曳地长裙。③

五代的抹胸与唐代抹胸比较，形制相同，这说明五代妇女衣着承继唐代妇女衣着，内衣也承唐风。以周昉《簪花仕女图》为例，仕女着齐胸襦裙，

---

① 周汛、高春明撰文：《中国历代服饰》，第70页，上海：学林出版社，1994年。
② 南京博物院编著：《南唐二陵发掘报告》，第121页，南京：南京出版社，2014年。
③ 咸阳市文物考古研究所编著：《五代冯晖墓》，第18—19页，重庆：重庆出版社，2001年。

图 4-32 五代王处直墓壁画侍女与童子——这是王处直墓壁画的第二幅《侍女与童子》，位于东耳壁东壁。侍女梳高发髻，簪花，外着白色襦裙，内穿红色抹胸，红色帔帛，手捧花瓣形碗。童子梳高髻，两鬓发下垂，身则着圆领衫，双手相握。侍女奉羹进献，童子静立相拥。这幅与前一幅的侍女都体态圆润丰腴，是唐代的肥美风格。

第四章　慢束罗裙半露胸——隋唐五代时期的内衣　·　95

图4-33 冯晖墓东壁持巾侍女——冯晖墓位于陕西省咸阳市彬县，1992年考古部门抢救性发掘。甬道两侧有50余块彩绘浮雕砖，上面刻画了28名男女艺人分两组演奏，场面热烈。持巾侍女着大袖衫，齐胸襦裙。

图4-34 冯晖墓东壁执唾盂侍女——执唾盂侍女与持巾侍女的服饰都是大袖衫内衬齐胸襦裙，从图像看内里还有一件圆领衫。最贴身的是圆领衫，衫子外面着襦裙，再外面是大袖衫。

领口低开，即低胸衣。而冯晖墓壁画中五代侍女也是齐胸襦裙，内里着抹胸。从冯晖墓壁画图像可以看出五代的抹胸形制以及色彩。颜色方面至少有两个色系——红色系、黄色系，是否还有其他的色彩，没有见到实物，历史文献中也没有文字记载，无法推测。因为壁画色彩的脱落，色彩并不鲜艳，但是可以推断当初作壁画时，施朱砂色应该是艳丽的。黄色也不会是出土时呈现的淡黄色，应该是浓艳、明亮的黄色，由此推断，五代对于抹胸的色彩倾向于鲜艳之色。内衣本身就有性感诱惑、性感风情的功能，由唐代开始的妇女开放装束，体现在内衣上更是注重性感朦胧、性感风情，色彩是增加内衣性感效果的重要元素。

图4-35 冯晖墓甬道西壁彩绘浮雕砖女局部——冯晖墓有壁画,也有浮雕,其乐伎着装基本一致。唯衣领不同,这位乐伎是V形领,突显胸乳。唐代女性以肥为美,这个"肥"是丰腴、健硕,表现的是健康与力量。五代沿袭唐代风尚,从冯晖墓、王处直墓出土的女性形象与内衣风格,可以看到这种风格。

图 4-36 五代《散乐图》浮雕白色彩绘(河北博物院藏)——1995 年出土于河北省曲阳县五代王处直墓。《散乐图》浮雕,长 136 厘米,高 82 厘米,厚 17~23 厘米。由 15 位乐伎与男优组成,表现了五代时期吹奏表演的场面。其中乐伎 13 位,皆着齐胸襦裙,有披帛。襦裙之下就是抹胸。

图 4-37 五代《散乐图》浮雕中齐胸襦裙与抹胸——击鼓的乐伎位于《散乐图》第一排右边第一位置,着齐胸襦裙,内衬抹胸,其体态丰腴,与唐代女性很接近,也说明五代风尚沿袭唐风。

七、隋唐内衣对后世的影响

唐代皇室有胡人血统,本身具有开放性、包容性,不同于汉人;又受到了西域等少数民族,以及波斯等外来文化的影响,民族的大融合,文化的大交流,使唐代社会具有了较其他朝代更为开放的基础,例如对婚姻改嫁问题的宽容,对身体裸露的认可,都很能说明整个社会进入了大变化大改革的开明时代,表现在服饰上自然是开放风气占了主导地位。

1. 隋唐内衣惊世骇俗

武则天执政,中国历史上第一次出现了女皇帝,妇女的地位大大提高,武则天本身的不拘礼节,大胆开放、奔放豪爽的风格,对女性生活,包括服饰都有很大的影响。"自从武则天做了皇帝,为女性扬眉吐气了一阵后,社会风气进一步开放……唐代妇女服饰风气比较开放的表现,是女性形体美的显露,艺术表现上也好,实际生活中也好,都较前代大胆。"[①]唐代妇女所处开放的环境,接受了外来新思想,观念不断更新,从此引发出唐代妇女衣着习俗一系列惊世骇俗的举动,为世人注目,为后世注目。

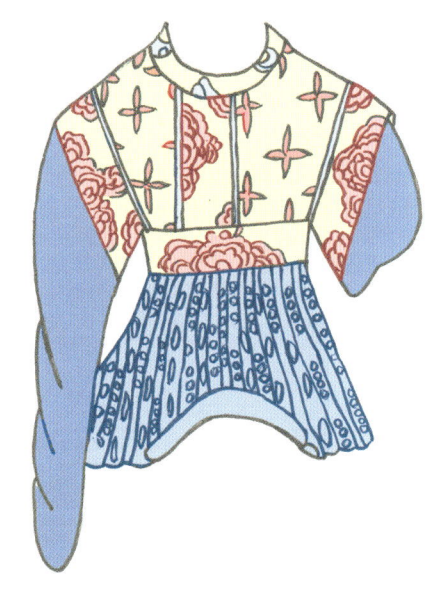

图4-38 唐人褙裆(摘自《中国服饰名物考》,黄沐天设色)——依据唐代永泰公主墓出土彩绘陶俑绘制。短袖之衣,罩在长袖衣之外,长及腰际。

这个特点不仅表现在宫廷生活、百姓日常生活,在宗教中同样有反映。唐代的佛教比较盛行,开放的风尚在佛教中也有许多表现。据《中国美术全

---

① 王维堤:《中国服饰文化》,第86—86页,上海:上海古籍出版社,2001年。

集·雕塑篇》记述：唐代佛教塑像往往"上身裸露，乳房隆突，肩开阔腰细，姿态呈 S 形屈曲。"著名的敦煌雕塑和壁画，更是细致地记录了唐人裸露的穿戴，从唐代敦煌飞天形象中，我们可以看到唐代妇女服饰的这些特点。"428 窟遨游飞天，动作有力，线条刚健，作若有所思状飘动。该窟有一裸体飞天，全身不着衣饰，……挥手臂扭腰，脚尖平伸作飞天腾状，表现出强烈的有力的舞蹈动态。"[①] 佛教在唐代进入鼎盛，对社会的影响是巨大的，进而影响到社会生活、民风习俗。唐代的性开放服饰就是在这样的社会环境中孕育的，

图 4-39 敦煌壁画 321 窟唐初飞天——与魏晋裸体飞天比较，唐代飞天有了唐人丰硕的肥美风格。

---

① 史成礼、史堡光、黄健初：《敦煌性文化》，第 108 页，广州：广州出版社，1999 年。

"光服装,尽是酥胸半露若隐若现,连女性佛像也不例外,而部分舞伎更是只披一件薄薄的轻纱,玲珑有致的身躯一览无余,要不干脆什么都不穿,只在重要部分缀上金银首饰,性感十足"①。展现肌肤,赤裸玉体,突出性感,是性开放服饰所要突出的内容。无论是世俗群众,还是佛教圣像,都不回避性感,都不在乎裸露,这是社会推崇的时髦之举,时尚之美。

图4-40 西夏时期东千佛洞第2窟菩萨(摘自《甘肃安西东千佛洞石窟壁画》)——东千佛洞位于甘肃省安西县东南70公里长山子北麓。第2窟中心柱南北壁有两身依花树菩萨像,早期的佛像有更多的世俗景象,无论是面容、仪态,还是服饰。西夏历史在公元9—12世纪,西夏前期与唐代后期时间是接近的,其党项人首领曾在唐代供职,李元昊建国时间则与宋代处于一个时期,因此西夏早期也在唐五代时间段。

在稍后时期的甘肃东千佛洞石窟中有两幅具有代表性的菩萨裸露装佛像,菩萨形体作S状,一手举过头部捻动手指,一手下垂提净瓶,一腿微屈,重力落在另一腿上,形成了柔和的人体轮廓。②菩萨身上的服饰仅着内衣,上身

---

① 史成礼、史堡光、黄健初:《敦煌性文化》,第337页,广州:广州出版社,1999年。
② 张宝玺:《甘肃安西东千佛洞石窟壁画》,封二,重庆:重庆出版社,2000年。

图 4-41 西夏时期东千佛洞第 2 窟菩萨（摘自《甘肃安西东千佛洞石窟壁画》）——这两幅菩萨像尽管是西夏的图像，但是风格却与唐初丰硕、开放的时尚保持一致，不回避裸露，推崇性感。佛教传入中土时，适应中国国情，圆融变通，渐渐与中国文化融合。原始的佛教，早期的中国佛教，其菩萨图像也是变化的、开放的，更具人性，有人间烟火味。

系一件贴身衫子，下身短裤，胸乳丰满，曲线分明，表现出菩萨的世俗人体姿态，服饰之美，这与后来庄严、不食人间烟火的菩萨佛像大相径庭。

2. 唐代内衣充满朝气

毫不夸张地说，唐代妇女的服装，无论是居家，还是外出装束，在薄、透、露的程度上，都远比前代开放，充满着时代的朝气，大唐的气韵。一种丰满且具有青春活力的热情和想象，渗透在唐人服饰（内衣）之中。"服饰文化是民族特征的最直接和外在的表现之一。在中国几千年的封建社会中，传统服装表达了庄重、含蓄却略显呆板的古典美。唯有唐代妇女服饰，开化袒露，表现妇女充满朝气、蓬勃向上的婀娜体态美，为中国封建社会妇女服饰所独有。唐代前期国家的安定强盛和蓬勃发展，使它有能力也有勇气接纳外来事物;而妇女服饰的开放,反过来活跃了唐代社会文化生活,促进了唐代繁荣与强盛,推动了全社会的文明与进步。"①

盛世气象,开放风尚,活力涌动,生机蓬勃,成为蕴含在唐人服饰(内衣)的时代风格。

八、简短的结论

古代中国女性内衣发展至唐代极盛,唐代女性服饰追求豪华,也讲究个性化,女子内衣以暴露为特色。现代内衣的"薄、透、露"性感元素,其实在唐代就已经产生,唐代流行透明装,开现代内衣暴露装、透视装之先河,这是不容质疑的。唐代内衣在形制上也有发明,产生了后世妇女的一些定型服装。例如诃子,就是历史上赫赫有名的杨贵妃所用的一种内衣,其形式类似于今天的乳罩,可以说是现代乳罩的原型。

以纱罗等薄质面料作为女服的衣料,是唐代服饰中的一个特色,而不着内衣,仅以轻纱蔽体装束,或者说就是内衣外穿以展示女性肌肤,更是唐代的创举。唐人以肥为美,这个肥并非臃肿、肥胖,而是基于体态的雍容,肌肤的润滑,胸乳的饱满,腰肢的丰腴,传递的是健康的气息。从传世的周昉《簪花仕女图》、张萱《虢国夫人游春图》的绘画中,我们都可以感受到无论是丰腴的宫女,还是丰满的贵夫人身上流露出来的娇、奢、雅、逸之青春活力,和柔、软、温、腻的动人姿态。

同时,薄透的纱罗,精致的花纹,鲜艳的色彩,温柔的情调,恰到好处的弧线,衬映出身体姿态的妩媚,气质的典雅。我们看到唐代女性沐浴在开放的阳光下,内衣即是对身体曲线的释放,也是"女为悦己者容"心迹的表露。

因此我们不难得出这样的结论,其实在一千几百年前的唐代,人们已经意识到服饰的性感作用,唐代女性更是亲身实践,甚至比现代更具开放性。

---

① 李蓉:《唐代前期妇女服饰开放风气》,刊《中国典籍与文化》1995年第1期。

图 4-42 《调琴啜茗图》中穿大对襟袍的唐代妇女（美国纳尔逊·艾金斯艺术博物馆藏）——唐代周昉绘，横 75.3 厘米 × 高 28 厘米。品茗拨琴是唐代妇女悠闲的生活情态，其敞领的衣着，与稳定的社会、舒适的生活是一脉相承的。因为有富裕、稳定的社会环境，才有了唐代开放的服饰，以及文化的氛围，优雅的风度。

但是自隋唐以降，开放之风渐渐演变为保守、收敛的风气，宋元理学更是贯穿着"存天理，去人欲"的思想，在服饰上表现为淹没个性，趋于一统的时代风尚。但是唐代内衣的影响，经过若干年代，又被社会重新认识，并继承了传统，发挥创造。

第五章
轻衫罩体香罗碧——两宋时期的内衣

开放的服饰至于隋唐达到高峰，尤其是唐代，服饰争奇斗艳，呈现前无古人、后无来者的态势。公元960年，赵匡胤建立宋朝，结束了安史之乱以来动荡的时局。宋代服饰总的来说比较拘谨、保守，样式变化不多，色彩也不如前代艳丽，以质朴、洁净、自然为特

开放的服饰至于隋唐达到高峰,尤其是唐代,服饰争奇斗艳,呈现前无古人、后无来者的态势。公元 960 年,赵匡胤建立宋朝,结束了安史之乱以来动荡的时局。人们渴望和平,宋初也是一片承平时期,社会稳定。程朱理学的出现,也是社会发展的必然,然而程朱理学与隋唐的扩张、开放风格截然相反,强调封建的伦理纲常,要求"存天理,去人欲"。因此,中国历史进入宋代,中国文化趋于保守,服饰也趋向于收敛。受程朱理学的影响,宋代服饰总的来说比较拘谨、保守,样式变化不多,色彩也不如前代艳丽,以质朴、洁净、自然为特点。

图 5-1 《听琴图》中的宋代服饰(故宫博物院藏)——宋徽宗赵佶创作的一幅绢本设色工笔画,横 51.3 厘米 × 纵 147.2 厘米。表现的是两位官员听主人抚琴。绘画描绘的服饰颇能代表宋代服饰。抚琴者黄冠,缁衣作道士打扮,据说此人即是宋徽宗。听琴者有三人,其中两位着朝服,一位纱帽红袍,另一位纱帽绿袍。宋代官服以品色区别官职高低,红袍官大,绿袍官小。其后立一童子,着深色袍服。

一、宋代所处的历史背景

被称为最适宜文人生活的宋代，社会繁荣，文化灿烂，然而似乎宋代生不逢时，金国的铁蹄甚至跨过长江，打到南京。两宋与周边政权契丹（辽国）、西夏、金国、蒙古经历了百年的战争，有读者会以为宋代不堪回首，其实不然，宋代的军事并不弱，只是宋代周边政权都比较强悍，时常与宋代交战以获取财富，获得资源。读者认为宋朝羸弱，甚至有宗泽、岳飞这样能征善战的名将，依然没有什么大胜仗，还得签订条约。

宋代军队的战绩似乎不佳，原因在于宋代崇文抑武的政策，军队管理体系将不管兵，导致军队调动不灵活，应对战争不适用。辽国、西夏都是游牧民族，骑兵强悍；宋代军队骑兵力量薄弱，缺战马。运动战宋代处于下风，但是在守卫城池的阵地战方面，以及水战，宋代还是胜出一筹的。北宋与周边政权打了百十年，南宋又打了百十年，风雨飘零，却依然立国。两宋历史200多年，都城从汴梁迁至临安，又生存了百十年，说明宋代还是坚挺的。至于宋代经济发达，文化繁荣，更是震惊世界。

二、两宋服饰的特点

在意识形态方面，宋代以降，形成了宋明理学，对唐代以来的开放思想多有束缚。不过朱熹理学形成于南宋，对于思想、观念的束缚也在南宋，北宋初年仍然沿袭李唐的开放风气，只是有所收敛。北宋女性服饰也有低胸装的开放装束，服色色泽也有亮色，服饰的色彩也很丰富。

1. 宋代服装多因旧习

宋代服装多因旧习，根据前朝的服饰形制，民俗风情，制定了上自皇帝、皇太子、诸王以及各级品官，下及吏庶的各类服饰。就其类别有祭服、朝服、公服、时服、戎服以及丧服。所谓时服是依据季节颁赐各官服饰。诸如在端

图5-2 宋代妇女服装——程朱理学起于宋代,对思想禁锢影响甚大。但是人性的欲望往往是"满园春色关不住,一枝红杏出墙来"。从这款宋代妇女服装中,我们看到衣领是低且宽大的,保持了唐代服饰的开放遗风,说明宋人在理学的禁锢中挣扎出来的一线生机。

图5-3 宋代紫灰绉纱镶边窄袖女夹衫（福建博物院藏）——福建福州新店浮仓山北坡南宋黄昇墓1975年挖掘出土。黄昇墓出土文物共436件，以服饰、丝织品居多，达354件，有袍、衣、背心、裤、裙、围兜、鞋、被衾等，包括纱、绉纱、罗、绮、绫、缎、绢等七种，品种十分齐全。黄昇的这件夹衫，对襟直领，长款直腰，窄袖，衣边缘有绣文。所谓夹衫就是衣有衬里，较单衫厚，适合秋冬之际穿着。

午节、十月或皇帝五圣节，赐给官员袍、袄、袍肚（抱肚）、勒帛、裤等。[①]

宋代妇女的服装大多仿照周代制度。主要有大袖衣，因两袖宽博肥大而得名。与大袖配套的服装有霞帔。一般来说贵族妇女穿大袖，普通妇女穿背子。上衣主要有襦、袄、衫子、半臂、背心等，下裳多用裙子，以及裤子。

2. 两宋时期服饰特点

宋代流行幞头，幞头诞生在南北朝的北周（后周），《新唐书·车服志》曰："太宗尝以幞头起于后周，便武事者也。"[②] 唐代就有多种幞头，到了宋代为避免官员们交头接耳，影响朝堂秩序，幞头两（脚）延长，长度达到一尺左右。幞头的适用性广泛，上自皇帝、王公贵族，中至官员，下至平民百姓，都戴幞头。幞头既是官服，也是一般服饰。

宋代官服沿袭了唐代官服的风格，曲领（圆领）窄袖，下裾加横襕，腰间束以革带，头上戴幞头，脚蹬黑色靴或黑色革履。官服品秩的高低，仍然以服色区别。三品以上用紫色，五品以上用朱色，七品以上用绿色，九品以上用青色；元丰年间服色略有更改，四品以上紫色，六品以上绯色，九品以上绿色。[③] 与唐代官服不同的是宋代官服呈现谨严有序的特点。

---

① 周锡保：《中国古代服饰史》，第259页，北京：中国戏剧出版社，1986年。
② [宋]欧阳修、宋祁撰：《新唐书》点校本，第527页，北京：中华书局，2017年。
③ 周锡保：《中国古代服饰史》，第289—290页，北京：中国戏剧出版社，1986年。

三、宋代的内衣种类

宋代男子内衣是中单、单衫、抹胸。女性内衣主要有襦、袄、背心、衫子、抹胸。

1. 龙脑浓熏小绣襦

按照宋代的礼俗,女人裸露脖子和胸部是不体面的,因此,女性服饰往往在衣衫里面套上一件短上衣,前面扣扣,紧身高领。① 襦是一种窄袖的短衣,衣身长至腰间。汉代史游《急就篇》注云:"短衣曰襦,自膝以上。一曰:短而施腰者,襦。"②《说文》也说:"短衣也。"襦有单複(fù,同"复"),单襦则近乎衫,複襦则近袄,而袄则大多有夹或内以绵絮。③

襦本是唐代妇女的内衣,由于式样紧小,便于做事,而被作为外衣穿着,宋代服饰多袭旧制,襦也被保留下来。宋代的襦、袄都作为上衣之衣着,比较短小,而其下则有裙。"龙脑浓熏小绣襦"(葛立方《瑞鹧鸪》),说的就是这样的形制。襦的穿着对象主要是下层妇女,当时的一些妇女,如四川大足石刻养鸡女穿襦大多

图5-4 穿襦的宋代妇女(摘自《中国服饰名物考》,黄沐天设色)——依据宋代刘松年《茗园赌市图》绘制。《茗园赌市图》原画为绢本,设色,册页,27.2厘米×25.7厘米,中国台北故宫博物院藏。绘制的宋代斗茶,最右侧的女性一手提着酒具,一手托着餐具,回看斗茶。这位女性餐饮从业者着襦,对襟敞开,抹胸微露胸乳,虽然反映的是市井风貌,却是百姓的生活情态。

---

① [荷]高罗佩著,李零、郭晓惠译:《中国古代房内考》,第238页,上海:上海人民出版社,1990年。
② [汉]史游等著:《急就篇 捷径杂字 包举杂字》,第87页,长沙:岳麓书社,2022年。
③ 周锡保:《中国古代服饰史》,第290页,北京:中国戏剧出版社,1986年。

图 5-5 宋代养鸡女内着抹胸——塑像来源于四川大足宝顶山石窟中"地狱变相"组雕中的一尊,农家少妇掀开鸡笼,两只鸡正在争啄一条蚯蚓的场面。养鸡女服饰是宋代非常典型的服饰,大领口襦裙,内穿抹胸。宋初服饰依然遵循着唐代的开放之风,流行露抹胸。

图 5-6　宋代穿小袖对襟旋袄围裙长裙厨娘（摘自《中国古代服饰研究》，黄沐天设色）——河南偃师酒流沟宋墓出土砖刻画，采自中国国家博物馆藏品。沈从文先生认为内穿围裙，笔者以为是抹胸，从图像上看得很清晰，围裙应该围在肚腹之下，衣裙之外，现在明明白白是围在胸乳部，自然是抹胸了。

图 5-7　宋代着长裙内有抹胸的厨娘（摘自《中国古代服饰研究》，黄沐天设色）——图像来源于河南偃师酒沟宋墓出土的厨娘砖。厨娘戴高冠，穿长裙，小袖对襟旋袄，内里着抹胸。按照北宋的习俗，袄里的抹胸是可以显露出来的。

图 5-6　　　图 5-7

作为内衣，外面再罩其他的服装。①袄的形制与襦相似，只是衣身较襦长些。腰身和袖口比较宽松，色泽以淡绿、粉紫、银灰、葱白等素色、淡色为主。

2. 衫子也曾流行

衫子可外穿，可内穿。宋代西湖老人《西湖老人繁胜录》记载："选像生（宋元时期说唱女艺人）有颜色者三四十人，戴冠子、花朵，着艳色衫子。"②单层的衫子，面料轻薄，袖子较短，是宋代人夏季所爱。宋代李心传《建炎以来朝野杂记》记载："自军兴，士大夫始衣紫窄衫，上下如一。"③宋代罗大经《鹤林玉露》亦云："渡江以来，士大夫始衣紫窄衫，上下如一。"④

衫子男女皆可穿戴。1951 年河北禹县白沙水库宋代墓群挖掘，其壁画人

---

① 缪良云主编：《中国衣经》，第 64 页，上海：上海文艺出版社，2000 年。
② [宋]耐得翁、西湖老人撰，夏金龙、辛鑫注译：《都城纪胜》，第 93 页，北京：中国商业出版社，2023 年。
③ [宋]李心传撰，徐规点校：《建炎以来朝野杂记》，第 188 页，北京：中华书局，2023 年。
④ [宋]罗大经撰，孙雪霄校点：《鹤林玉露》，第 76 页，上海：上海古籍出版社，2017 年。

图 5-8 宋代对襟单衫——单衫一般无衬,贴身穿着。高领对颈部的遮盖,体现出程朱理学对思想、身体的禁锢。

物中就有衫子的描绘。甬道壁东壁画右侧老年司阍者(看门人),"头系蓝巾,着圆领窄袖浅蓝衫","其左二人:前者头系皂巾,着圆领窄袖四褛(kuì,衣衩)浅蓝衫,衫下襟吊起,系于腰间,露出窄腿浅蓝裤和草鞋"。甬道西壁绘三人,左侧一看门人"头系蓝巾,着圆领窄袖短蓝衫,窄腿蓝裤"。在马的后面站立二人,前者"头系皂巾,着圆领窄袖浅赭衫,窄腿白裤、草鞋"。前室壁画南壁幔下绘二人,前者"头系皂巾,着圆领窄袖四褛蓝衫,腰际系带,左肩负钱贯"。南壁入口幔下面东立二人,前者"系白巾,着圆领窄袖赭衫,腰际系带,双手捧筒囊。后者系皂巾,着圆领窄袖四褛白衫,窄腿白裤,腰际系带"。[①]看门人是男性着衫。白纱墓东壁绘制女乐十一人,也着衫。右侧后排两人,左边的"着圆领窄袖浅绛衫,窄腿蓝裤"。前排三人,当中的"着圆领宽袖蓝色长衫,腰际系黄带"。东壁右侧五人,后排二人,左边的"着窄袖蓝衫和绛色云纹裙"。前排三人,左边的"着窄袖绛色长衫和绛色云纹裙"。[②]

妇女夏天多穿白凉衫,其袖子比袄襦要短,腰身较窄,多用丝罗制成。[③]宋代有很多诗词说到衫子。如:

---

① 宿白:《白沙宋墓》,第42—44页,北京:生活·读书·新知三联书店,2017年。
② 宿白:《白沙宋墓》,第44页,北京:生活·读书·新知三联书店,2017年。
③ 陈茂同:《中国历代衣冠服饰制》,第186页,北京:新华出版社,1993年。

薄纱衫子初腰匝，步轻轻，小罗靸。人前爱把眼儿札。香汗透、胭脂蜡。（欧阳修《迎春乐》）

藕丝衫瞢猩红窄，衫轻不碍琼肤白。（张先《菩萨蛮》）

箪纹衫色娇黄浅，钗头秋叶玲珑翦。（张先《菩萨蛮》）

揉蓝衫子杏黄裙，独倚玉阑无语、点檀唇。（秦观《南歌子》）

歌楼酒旆，故故招人，权典青衫。（黄庭坚《诉衷情》）

墨绿衫儿窄窄裁，翠荷斜軃领云堆。（黄机《浣溪沙》）

怯晓征衣袭小衫，山头淡月照联骖。（廖行之《同伯潜诸公联骑出城东南亚次衫字韵》）

椽烛乘珠清漏长，醉痕袖衫湿，有余香。（王安中《小重山》）

红藕香残玉簟秋。轻解罗裳，独上兰舟。（李清照《一剪梅》）

衫子的制作，依然沿袭了唐代的做法，多以轻纱为之。宋代衫子的色泽还是很丰富的，除猩红等艳色，主要还是淡雅之色。宋人诗词中就有"及妆时结薄衫儿。蒙金艾虎儿。画罗领抹缬裙儿"（无名氏《阮郎归》），"轻衫罩体香罗碧"（苏轼《菩萨蛮》）等描述，概括了衫子面料与色泽浅淡。

宋代有衬衫，内衣也。《玉篇》云："衬，近身衣。"宋代孟元老《东京梦华录》卷十记载："兵士皆小帽，黄绣抹额，黄绣宽衫，青窄衬衫。"①

3. 背心得到发扬

背心在宋代妇女身上得到了发扬。背心是一种无袖之衣，只能裹腹胸前胸后。最初穿在里面，

图5-9 宋代男子的单衫——单衫属于宽大型的内衣，在宋代往往贴身而穿。

---

① ［宋］孟元老撰，王永宽注译：《东京梦华录》，第178页，中州古籍出版社，2018年。

逐渐外相化，由内而外，现代的背心就由此发展、演变而来。背心，原本属于内衣性质，但是在宋代亦内亦外，根据不同的场合，不同的作用而定，穿于内则为内衣，穿于外则是外衣。宋代的临安（今浙江杭州）西湖地区的商贸市场就有背心出售。《西湖老人繁胜录》记载："街市扑蒲合、生绢背心、黄草布衫、苎布背心。"[1] 七夕节时，在皇帝面前表演玩偶的"多著乾红背心，系青纱裙儿"[2]。

图 5-10　宋代穿背心的男子（丁一欣临摹，黄沐天设色）——宋人张择端《清明上河图》所绘的形象，类似裲裆，无袖，两肩处开口很大。这样的背心形制在中国农村流传甚广，尤其是北方地区。

图 5-11　宋代穿背心的妇女（丁一欣临摹，黄沐天设色）——宋人《耕织图》中的形象。背心最初是裲裆，贴身而穿，逐渐演变为外衣。笔者以为其实背心（裲裆）可内可外，不能一概称之为内衣或外衣。

宋代妇女的下裳主要是裙子和裤子。裙子属于外衣，如果贴身而穿，里面不着内裤，则为内衣。裤子则兼有外衣和内衣两种作用。宋代妇女的裤子，可以穿在外面，也可穿在裙子里面，作为夹裤、衬裤。其形制有两种：穿在

---

[1] ［宋］耐得翁、西湖老人撰，夏金龙、辛鑫注译：《都城纪胜西湖老人繁胜录》，第123页、126页，北京：中国商业出版社，2023年。

[2] ［宋］耐得翁、西湖老人撰，夏金龙、辛鑫注译：《都城纪胜西湖老人繁胜录》，第20页，北京：中国商业出版社，2023年。

裙子里面的裤子，一般多用开裆，以便私溺；直接穿在外面的裤子，则用合裆，也就是满裆。这两种裤子在挖掘的宋墓中均有出土，最具代表性的是福建福州宋代妇女黄昇墓出土的开裆裤。黄昇是南宋时期福州一位官家小姐，婚后一年就死去，葬于福州市北郊浮仓山。黄昇墓出土了大量器物，其中服饰201件，为研究宋代服饰提供了宝贵的实物资料。现在关于南宋女性服饰几乎都是举黄昇墓出土的服饰为例。

4. 贴身内衣抹胸、裹肚

宋代妇女的贴身内衣最主要的是抹胸、裹肚。宋代抹胸上可覆乳，下可遮肚。从南宋黄昇墓出土的抹胸实物看，以素绢为之，两层，内衬少量丝绵，长55厘米、宽40厘米，上端及腰间各缀绢带两条，以便系带，带长34～36厘米。[①]

图5-12 宋代印花罗裙（摘自《中国服饰名物考》）——裙子内不着内裤，贴身而穿就是内衣。宋代妇女中也流行无裆裤，无裆贴身而穿的裙子也起到内裤的作用。

图5-13 宋代刺绣牡丹花卉纹褶裙（摘自《中国织绣收藏鉴赏全集》）——长170厘米、宽55厘米。裙子呈梯形，裙身有褶裥。裙身上绣有牡丹花卉，以郁金香花汁染色。裙身纹饰精美，应该是宋代贵族女性所用。这种裙子对于宋代贵族女性来说贴身而穿，或衬里，最里面是不着裤或无裆裤。外面再套上大袖衫、背子等，不必担心走光。

2003年9月30日江苏南京高淳花山南宋墓考古挖掘，出土了50多件丝绸制品，内衣中有素纱直襟窄袖衫、并蒂莲纹罗裤，抹胸多个品种。其中抹胸有6件，包括菱形朵花纹印花绢抹胸、芙蓉山茶梅花纹罗抹胸、卍字菱格纹罗抹胸、素绢抹胸、素纱抹胸（两件）。

菱形朵花纹印花绢抹胸，长50厘米、宽116厘米，带长51厘米、宽3.5

---

① 高春明：《中国服饰名物考》，第575页，上海：上海文化出版社，2001年。

厘米。抹胸为长方形，两边有系带，上部中间处有折褶，褶宽5厘米，深10厘米。绢上印有黑色纹菱形图案，菱纹内排列柿蒂小花。柿蒂为中国传统吉祥图案，寓意事事如意。芙蓉山茶梅花纹罗抹胸，呈长方形，长50厘米、宽116厘米，两边系带长59厘米、宽3.5厘米。上部中间处有一折褶，褶宽4厘米，褶深10厘米。抹胸上有交替排列的芙蓉、山茶、梅花图案。卍字菱格纹罗抹胸出土时破损严重，系带脱落，呈长方形，长50厘米、宽120厘米。

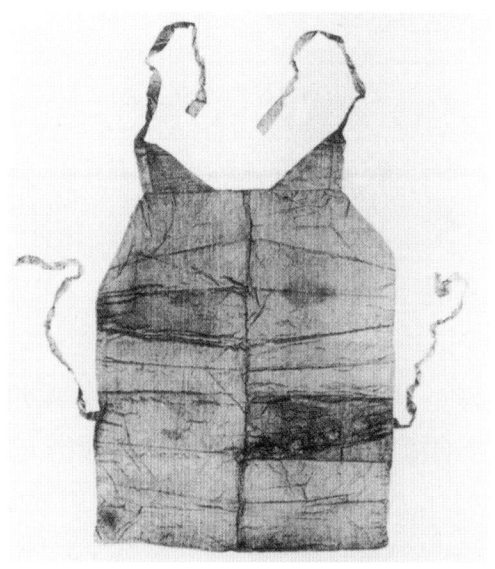

图5-14 宋代女子抹胸（摘自《中国历代妇女妆饰》）——福建福州南宋黄昇墓出土，这大概是目前出土年代最早的抹胸实物，后世的抹胸形制基本都沿袭它的样式。

素绢抹胸，呈长方形，长42厘米、宽90厘米，另有一块已经与抹胸脱落的长93厘米、宽14厘米的织物。素纱抹胸两件，均呈长方形，两件尺寸不同。一件长46厘米、宽112厘米，两边有系带，带长60厘米、宽3.5厘米。上部打有1个小褶，褶宽5厘米、深10厘米。第二件素纱抹胸，呈长方形，长40厘米、宽80厘米；两边系带分别长为80厘米、宽16厘米。[①]

---

① 无名：《南京高淳花山宋墓》，人人文库，2022-2-7，https://www.renrendoc.com/paper/194812462.html。

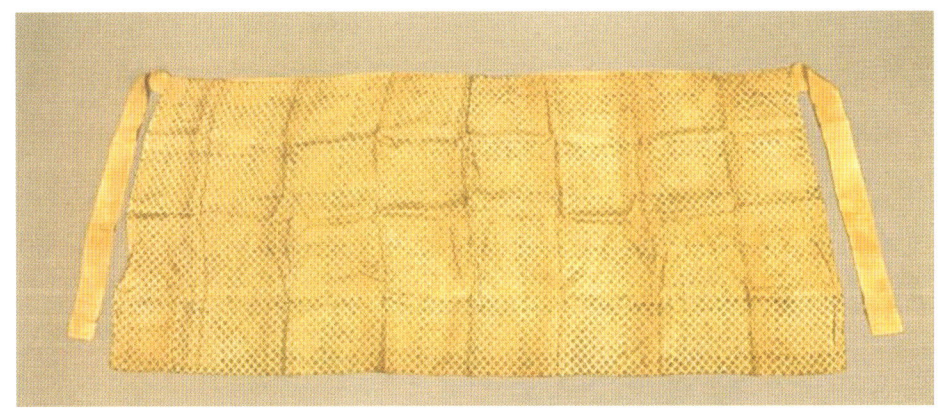

图 5-15 宋代菱形朵花纹印花绢抹胸实物（南京市博物馆藏）——江苏南京花山宋墓出土宋代女性抹胸实物，除了福州黄昇墓，就是南京花山墓。从丝织品的数量来说，黄昇墓有 354 件，数量最多，品种最全。从抹胸数量来说，花山 6 件，而且有印花绢、花纹罗、素绢、素纱等多种面料，相当于精品与普通品之区别。

四、抹胸非裹肚

有人将宋代抹胸（一作袜胸）与裹肚混为一物，其实两者是两款内衣，而不是一种内衣两个名称。《格致镜原·引胡侍墅谈》记载："建炎以来，临安府浙漕司所进成恭后御衣之物，有粉红袜胸，真红罗裹肚。"① 从形制上讲，大致上裹肚长，抹胸短。

1. 宋代抹胸有两种形制

宋代的抹胸不仅贴身而穿，也有系于外面，如同外衣的，《山家新语》载：宋末"幼主沛国公……内人安康夫人，安定陈才人又二侍儿，失其姓名，浴罢，肃襟焚香于地，各以抹胸自缢而死"。按照情形分析，贴身抹胸短小、轻薄，以此种内衣自缢大概不至于死，何况内衣抹胸紧贴身体而穿，安康夫人为了自缢，还需要宽衣解带，褪下贴身内衣，袒露玉体，裸身受死。以宋代妇女所受理学思想的影响，不会如此轻佻而死，不合情理，有失礼教。因此，可以推断，宋代抹胸有两种形制，"知其为较长而宽带并系之于外者，非内身之小抹胸，

① 转引自周锡保《中国古代服饰史》，第 290 页，北京：中国戏剧出版社，1986 年。

以抹胸与裹肚可同为内衣，但有大小之别"[①]。其形制自后而围向前。

河南禹县白沙宋墓一号墓前室西壁绘有《饮宴图》，一对男女对坐，男主坐右侧，戴蓝帽，着圆领蓝袍；女主坐左侧，梳高髻方额，着绛襦白裙。[②] 女主绛色襦是敞领，里面显露抹胸。女主虽是居家，其居家服饰呈现开放特点，虽然没有唐代袒领突显胸部那么开放，却也不是收敛的保守风格。在女主男主身边有四位侍者，其中有男仆一人，女主敢于在男仆面前着开领装，裸露抹胸，说明社会风气还是比较开放的。

图 5-16　宋墓壁画《饮宴图》中的抹胸——河南禹县白沙宋墓1951年发掘。赵大翁墓室东西壁有壁画，西壁雕画墓主人夫妇对坐《宴饮图》。墓女主人以及背后一侍女，在开领大袖衫或背子里面是抹胸。

---

① 转引自周锡保《中国古代服饰史》，第290页，北京：中国戏剧出版社，1986年。
② 宿白：《白沙宋墓》，第45页，北京：生活·读书·新知三联书店，2017年。

图 5-17 宋墓壁画内围抹胸的妇女（摘自《看得见的宋史》）——白沙墓壁画描绘的内围抹胸的妇女形象与黄昇墓出土的抹胸实物有着不同的意义。出土实物表明的是宋代有这样的内衣，但是穿戴风格是否暴露不得而知，壁画的描绘说明宋代妇女也曾有服饰开放、裸露内衣抹胸的服饰风尚。

按《逸雅》谓，抱腹上下有带，抱裹其腹，应即裹肚。笔者认为，抹胸着重于胸，遮护胸部，故名抹胸；裹肚着重于肚，包裹肚子（腹部），前者类似现在的胸罩（乳罩），后者类同于束腹带。

2. 男子也用抹胸

这个时期的男子亵衣也有出土实物，江苏金坛南宋周瑀（yǔ）墓出土过一件男式抹胸，为掩胸之衣，以丝绢为之，梯形状，上宽15厘米，下宽83厘米，顶端两侧各缀系带。[①] 其形制与女性抹胸有同有异。女子抹胸面

图 5-18　南宋褐色罗地绣婴对莲抹胸（摘自《中国织绣鉴赏与收藏》）——从实物的情况看，南宋抹胸上绣有对莲等图案，说明当时抹胸不仅仅用于保护女性的胸部，还有秘戏的作用。

图 5-19　宋代男子之抹胸（摘自《中国服饰名物考》，黄强临摹，黄沐天设色）——江苏金坛茅山山麓南宋周瑀墓出土，不看到实物，大家或许想不到宋代男子也着抹胸，当然这个抹胸不是为了像女子那样护乳，犹如南北朝时的心衣。

图 5-20　宋代抹胸陶罐——抹胸在宋代男女都有，后来抹胸则专门用于女性。这时期抹胸主要是护胸、保暖，其形制尚不具备修正、装饰胸乳的功能。

---

① 高春明：《中国服饰名物考》，第576页，上海：上海文化出版社，2001年。

积比男子抹胸的大,不仅护胸,而且裹肚、腹。两者皆有系带,女子抹胸系带为多。如果不说这是宋代男子的抹胸,读者会误认是宋代女性抹胸。男子穿类似抹胸的内衣,并非宋代开始。第三章说北朝的《北齐校书图》,男子穿吊带心衣,也类似后来的女性背心。中国历史上很多服饰品种本来是男女通用的,如深衣、裤子、半臂、心衣、背子、抹胸等。

五、开裆裤与无裆裤

抹胸、裹肚都属于内衣中的上衣,宋代妇女内衣还有下裳,即裤、裈(一作裩)。在秦汉内衣章节中,已经说明了古代的裤子是没有裆的,有裆的而小者称裈。所谓有裆而小者的裈,实际是指裤衩,裤衩、裤头的名称是现在才有的,古代没有这个名词。宋代妇女最普通的装束是上身穿袄、襦、衫、背子、半臂,下身束裙、裤。

图5-21 宋代妇女长裤——宋代女裤有无裆裤和有裆裤两种。有裆裤直接穿在外面,属于外衣。

1. 裤子分合裆与开裆

裤子是穿在裙子或襦、背子里面的,并不像我们现在裤子直接穿在外面。裤子穿在里面,外面罩裙,裙子大多长至足面,劳动妇女因为劳作需要,裙子一般比贵族妇女的要短。宋代之贵族妇女,一定是长裙在外,不露裤子。也有单着裤子而不着裙子的,属于次等妇女的装束。宋代耐得翁《都城纪胜》记载:"中秋节前后开沽新酒,各用妓弟,乘骑作三等装束:一等特髻、大衣者;二等冠子、裙背者;三等冠子、衫子、裆裤者。"[①] 可见单穿裤,不着裙,以风月场所女子为多。

宋代裤子形制有两种,穿在裙子、袍子外面的,通常用合裆(也称满裆);穿在袍子里面的用开裆。有些地区妇女有只穿长裙不着裤子的习俗。宋代江休复《江邻几杂志》(又名《嘉祐杂志》)有云:"妇人不服宽裤与襜,制旋裙必前后开胯,以便乘驴。其风始于都下妓女,而士大夫家反慕仿之,曾不知耻辱如此。"[②] 也就是说,不穿裤子,穿开胯旋裙,始作俑者是当时的妓女,目的是骑驴的便利,但是她们的行为却让士大夫家族的女子羡慕不已。

图 5-22 南宋黄昇墓出土开裆裤(摘自《中国历代妇女妆饰》)——无裆裤便于私溺,需要在裤子外面穿裙或袍,否则有失礼仪。

---

① [宋]耐得翁、西湖老人撰,夏金龙、辛鑫注译:《都城纪胜西湖老人繁胜录》,第20页,北京:中国商业出版社,2023年。
② [明]陶宗仪等编:《说郛三种》影印本,第4册,第1407页,上海:上海古籍出版社,1989年。

2. 女性内衣保持无裆裤

宋代妇女裤子直接穿在外面，没有裙子遮挡的，属于次等装束。为什么裤子要穿在裙子里面呢？原因在于宋代妇女的裤子仍然保持无裆裤的风格。读者或许又要问，裤子产生已经经历了多个朝代，有裆裤也已经流行社会，为什么宋代妇女尤其是贵族（上层社会）妇女还钟情无裆裤？不适应时代发展，改穿有裆裤？对此问题，正史的《舆服志》没有记载，历史学家、民俗学家也没有说明。大家避而不谈，似乎隐含着什么玄机，其实原因很简单，一言以蔽之，笔者以为是为了方便上厕所。服饰制度发展到宋代已经规范化、等级化，宋代的服饰非常宽大，即使是妇女的裙子，也保持了周全、宽大的风格，层层叠叠，穿着、脱卸都不方便，如果要如厕，非常麻烦。试想，外面有烦琐的长裙，里面还有衫、袄、袍子、裤子，这一解脱，如何能自己系上？费工费时，如果衣冠不整，还有失礼仪，有失体统。贵妇人的颜面如何摆下？家族的荣誉如何丢得起？鉴于这样的情况，无裆裤刚好解决了这个问题。穿着方便，护体遮羞，而且有束裙笼罩，无后顾之忧。

有进口必须要有出口，如厕其实也不是小问题，是人们生活中不可回避的小事情大问题。从无裆裤的诞生之时起，在护体、御寒的同时，也有方便解手的现实存在。中国服饰的高大巍峨，赵武灵王改胡服，以至发展到魏晋时期的"褒衣博带"，一直在服饰的威严性与方便性中协调、曲折发展。无裆裤能够持续若干朝代，就在于它便溺的方便，这是它的优势所在，因此历史长河流淌到宋明理学盛行的宋代，无裆裤依然是贵族妇女的主要下裳，可见其影响力。时俗认为轻薄与可耻的妓女所穿的开胯旋裙，何以受到士大夫家族女子的倾心，其原因还在穿着轻松，如厕方便。

3. 无裆裤是系于裙内的裤子

我们从福建南宋女子黄昇墓出土的服饰来看，就有无裆裤的存在，是系于裙内的裤子。这样的无裆裤，基本上是贴身而穿，因为是内衣，宋代妇女的无裆裤上绣有花饰，制作精美。宋代陆游《老学庵笔记》有云："祖妣（祖母）楚国郑夫人有先左丞遗衣一箧（qiè，小箱子），绔（无裆的套裤）有绣者，白地白绣，鹅黄地鹅黄绣；裹肚则紫地皂绣。祖妣云：当时士大夫皆然也。"①

宋代还有膝裤。一种类似胫衣的无底裆裤子，穿上紧束于小腿，上达至膝，下及于履。宋人绘制的《杂剧人物图》中女性就穿着膝裤。通常以布帛为之，考究者则缀于彩绣，甚至珠翠。膝裤在宋代普及率高，寻常百姓、商贾大户、官宦贵胄的女性都中意。

需要指出的是，宋代及宋代以前的无裆裤就是内裤，与我们现在的裤子是外衣，里面还有衬裤、短裤、裤衩是不一样的。1975年在江苏镇江金坛茅麓乡发掘了南宋周瑀墓，出土多件内衣品种，除了前面说过的男子抹胸，尚

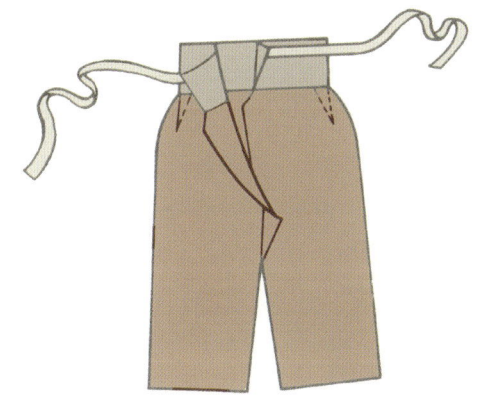

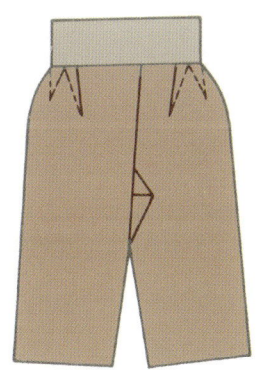

图5-23 南宋黄昇墓出土女裤结构图（摘自《中国古代服饰研究》，黄沐天设色）——结构图将南宋的女裤形制解析得很清楚。

---

① ［宋］陆游撰，杨立英校注：《老学庵笔记》，第72页，西安：三秦出版社，2003年。

图 5-24 宋代穿膝裤缠足的妇女——宋人绘制《杂剧人物图》,其中一人内穿白色抹胸,着膝裤。一人缠足,穿紧身裤。宋代膝裤颇为流行,不仅优伶穿,寻常人家女性也使用。

有素纱圆领单衫、绸袜裤（绸同绸）。素纱单衫衣长131厘米，通袖长246厘米，袖宽52厘米，袖口宽62厘米，腰宽57厘米，下摆宽98厘米，腰带长235厘米，宽9厘米。

  对宋代社会意识与服饰的评价，大众几乎都认为是保守的，这只是普遍现象，在宋代也有违背礼俗的行为。宋嘉祐年间（1056—1063）在京城宣德门的庆典活动中，就有女人裸体的相扑表演。宋仁宗赵祯与后宫嫔妃都参加了这个庆典，观看裸女表演，大家不以为耻。司马光上了一道折子《论上元令妇人相扑状》，对仁宗皇帝提出公开批评，并建议严令"今后妇人不得于街市以此聚众为戏"。①

图5-25　南宋周瑀墓绸袜裤（镇江市博物馆藏）——江苏镇江金坛茅麓乡南宋周瑀墓1975年挖掘出土。宋代内衣品种在周瑀墓出土了多种，除了袜裤，还有抹胸、素纱单袍。

六、简短的结论

  对于宋代的内衣，笔者概括为受宋明理学影响，呈现收敛性。在形制上没有创造，在风格上比唐代保守。

  在款式与创新方面上，宋代的内衣比唐代要寡淡，没有什么创意。宋代

---

① ［宋］司马光撰，李之亮笺注：《司马温公集编年笺注》，第3册，第132页，成都：巴蜀书社，2008年。

裤子兼有亦内亦外的功能。宋元辽时期依然流行无裆裤,大致上层社会人群(富人)穿无裆裤,下层社会人民(穷人)穿有裆裤。

宋代妇女的贴身内衣最主要的是抹胸、裹肚。有人将宋代抹胸(一作袜)与裹肚混为一谈,实际上两者是有差别的。

宋元以降的收敛风尚,对内衣发展的影响是深远的。从这时期的内衣发展状况,就可以看出这种影响是显而易见的,不仅对当时社会产生了直接的效果,而且对明清时期的内衣织造业亦然。

第六章 主腰藤缠紧扎身——辽金西夏蒙元时期的内衣

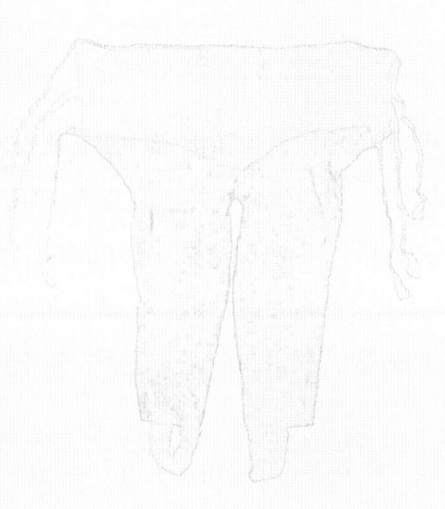

崛起于大漠的元帝国,先迫使西夏称臣,又灭掉金国,至元十六年(1279)二月,元军攻克崖山,南宋灭亡。蒙古军队骁勇善战,战斗力极强,成吉思汗时,蒙古的军队一度打到了欧洲,元代的版图横跨欧亚两洲。

与宋朝同时期存在，并与宋朝有一系列战争、贸易，乃至文化交流的周边政权有辽国（契丹族）、金国（女真族）、西夏（党项族）、蒙元（蒙古族）等四个政权，位于宋朝的北、东北、西北方向。

契丹国势力远及中亚，故中世纪中后期西方许多国家多以契丹指北部中国。[①] 辽景宗皇后萧燕燕即萧太后摄政时期，辽宋多次交战，家喻户晓的杨家将故事就发生在与辽国交战时期。

金朝强盛时，凭借武力征服了北中国，迫使南宋、西夏政权向其屈服纳贡，朝鲜半岛上的高丽国向其臣服。[②] 金天会三年（辽保大五年，1125）二月，辽代天祚帝耶律延禧被金兵俘虏，辽亡；宋钦宗靖康元年（金天会四年，1126）闰十一月，金兵破东京，宋钦宗亲去金营求降，献上降表。靖康二年（1127）四月，金军俘虏北宋的徽宗、钦宗和后妃、皇子、宗室贵族等人北撤，北宋灭亡。

西夏建国后，与宋连年交战，在川口、好水川、定川大寨三次大战役中，大败宋军。西夏军队主力铁甲军团骑兵"铁鹞子"，威猛无比，驰骋疆场，势不可当。西夏天授礼法延祚七年（宋庆历四年，1044）西夏军重创辽军，从此形成北宋、辽、夏三足鼎立局势。

崛起于大漠的元帝国，先迫使西夏称臣，又灭掉金国，至元十六年（1279）二月，元军攻克崖山，南宋灭亡。蒙古军队骁勇善战，战斗力极强，成吉思汗时，蒙古的军队一度打到了欧洲，元代的版图横跨欧亚两洲。

一、辽代的内衣

辽国即契丹民族建立的政权。中国古代东北地区一个民族，唐末强大起来，五代时期的916年耶律保（阿保机）在今内蒙古西拉木伦河流域建立契丹国，947年建国号辽，983年曾改号大契丹国，1066年以后复号大辽。习惯

[①] 蔡美彪、吴天墀：《辽、金、西夏史》，第2页，北京：中国大百科全书出版社，2011年。
[②] 何俊哲、张达昌、于国石：《金朝史》，第1页，北京：中国社会科学出版社，1992年。

上自916年契丹建国至1125年被女真所灭,统称为辽朝。①

1. 辽代历史与服饰

契丹族本是游牧民族,在建国后社会经济和发展阶段所统治的民族各不相同,中央统治机构,分为北面和南面两个系统,实现一国两制的政治制度。南面系统完全沿袭唐制,北面系统则具有浓厚的游牧民族及奴隶制特点。《辽史·百官志一》记载:"至于太宗,兼制中国,官分南、北,以国制治契丹,以汉制待汉人。国制简朴,汉制则沿名之风固存也。辽国官制,分北、南院。北面治宫帐、部族、属国之政,南面治汉人州县、租赋、军马之事。因俗而治,得其宜矣。"②服饰制度也分为两个体系。《辽史·仪卫志二》曰:辽代"衣冠之制,北班国制,南班汉制,各从其便焉"③。辽主与南班汉官采用汉服,太后与北班契丹臣僚用本民族服饰,即国母与蕃官胡服;国主与汉官用汉服。自辽兴宗重熙三年(1032)以后,凡大礼

图6-1 辽代男子服饰(摘自《辽代服饰》)——内蒙古赤峰巴林左旗炮楼山辽墓壁画。图像中的男子是辽代仪仗卫,头上戴巾,身穿圆领窄袖袍,着靴,手持仪仗兵器。在《卓歇图》中,契丹侍卫都不着铠甲,而穿棉袍,束腰,挂箭囊。北方游牧民族着袍很普遍,即使侍卫主要也是穿袍,因为方便马上活动。只有重装骑兵,才全身披挂铠甲。

---

① 蔡美彪、吴天墀:《辽、金、西夏史》,第2页,北京:中国大百科全书出版社,2011年。
② [元]脱脱等撰:《辽史》点校本,第685页,北京:中华书局,2018年。
③ [元]脱脱等撰:《辽史》点校本,第905页,北京:中华书局,2018年。

都改用汉服,《辽史·仪卫志二》记载:"祭服:辽国以祭山为大礼,服饰尤盛。"①

北方气候寒冷,裘皮必备,辽代高官显贵者披貂裘,以紫黑色貂皮为贵,青色貂皮次之。又有使用皮毛洁白的银鼠披。裘皮衣中用貂毛、羊皮、鼠皮、沙狐裘的为低等级官员、阶层人员。

契丹民族袍服与中原汉族所穿的缺胯衫有所不同,不在两侧开衩,也不是无缝的直喇叭筒,而是后(臀部)开褉。开褉的两片以纽扣固定在一起,骑马时解开扣子。袍服里面是中单,中单有直领与圆领,中单外扎有红或蓝色的布带,双带头垂下与膝齐。

图6-2 辽代壁画《寄锦图》中女子服饰(内蒙古博物院藏)——内蒙古赤峰阿鲁科尔沁旗宝山村辽墓壁画。壁画中一群艳装女子,位居中间是墓主苏若兰,梳蝴蝶形鬟髻,满插金钗。辽代服饰原本就受到中原服饰影响,因此壁画中女子的服饰兼有中原服饰与辽代服饰特点,其袍长摇曳地,辽代皇后服饰有紫金百凤裙、杏黄金缕裙,虽是蕃服,名称与款式都接近汉服。

---

① [元]脱脱等撰:《辽史》点校本,第905页,北京:中华书局,2018年。

2. 辽代服饰受汉民族影响

辽代在立国之前，世居辽河流域，是一个从氏族社会跳跃到封建社会的民族。《辽史·仪卫志》记载：辽太祖在北方称帝时，辽代的衣冠制度尚未完备。[①]辽代服饰制度存在二元制体系，[②]于是有契丹服饰与汉服并存的情况。辽代政治制度乃至服饰制度都受到汉民族影响，但是又有别于汉族的服饰风格，尽管他们的服饰乃至内衣不如汉族讲究等级制，但是从皮草的使用，依然有等级观念的存在。

总体上讲，辽代服饰以长袍为主，上下同制，老幼无别。在袍服形制上与宋代袍服略有区别。辽代袍服多为左衽，圆领，窄袖，袍上有襻扣，袍带系于胸前，下垂至膝。辽代贵族妇女的袍制前长拂地，后长曳地尺余，双垂红黄之带。辽代妇女也有穿裙的，裙子幅围宽大，通常以黑、紫色面料裁制，上绣金枝花图案。

3. 辽代小口裤、吊敦与套裤

辽代的内衣主要有裙裤、吊敦、短裤、膝裤、套裤、裹肚等。捍腰虽然与腰、腹、肚有关，却是穿在袍子外面的，不能算内衣。

契丹男子所着长裤为小口长腿裤，根据王青煜先生的考证，所谓"小口"是指裤脚的粗细而言，小口长裤分为合裆和开裆两种。长腿小口背带裤，这是一种形制与上述小口合裆裤

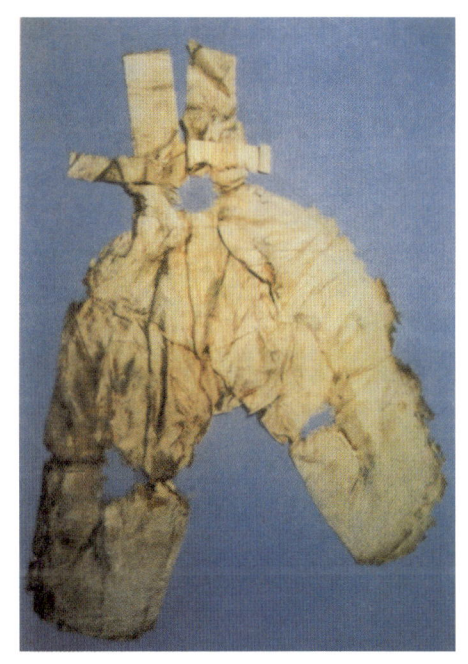

图 6-3 辽代菱形纹绮背带夹裤实物（摘自《辽代服饰》）——内蒙古代钦塔拉三号辽墓出土，小口长腿开裆裤。腰后开口处缀双带，以扎裤腰。

---

① [元]脱脱等撰：《辽史》点校本，第 900—901 页，北京：中华书局，2018 年。
② 包铭新、李甍、曹喆主编：《中国北方古代少数民族服饰研究·契丹卷》，第 29 页，上海：东华大学出版社，2013 年。

相近似的裤，但是它比合裆小口长裤多两条背带，而且是开裆裤。这种开裆裤的具体形制是在腰后开口处缀双带用于扎缚裤腰，裤腰上缀有双背带，腰下连缀开裆的双小口裤管。①

内蒙古兴安盟代钦塔拉 3 号辽墓出土了一条连袜裤，当时称之为吊敦。吊敦，又作吊墩，形制似长筒袜，但造型较为疏阔宽松，长度及膝，以吊带加以辅助固定，其形制方便骑马。据说吊敦起源于秦汉时期的北方匈奴游牧民族，魏晋南北朝时期融入其他北方民族。吊敦在其裤裆部有补裆，增加了骑行时对裆部的保护（相当于今天对于服饰易磨损部位打补丁），穿着时左背侧系带贴身由前带孔穿出，右背侧系带由腰背外绕于前，两者对结于胸腰前部，裤腰背部还有系带，从肩部穿下，系于裤腰部，相对于今天的背带裤。增强了吊敦与身体的服帖，穿脱便利。

此吊敦裤腰及背带和上述小口背带长裤一样，但是裤腰要比小口裤粗得多，和现代的裙裤基本一样，但此裤为开裆裤。"在一座墓中出土这两种裤，说明它们分别是男裤和女裤。小口长裤利于穿靴，而裙裤利于穿鞋，契丹妇女居家时多穿鞋，因此可以穿着这种肥腿的裙裤。"②

契丹人除了穿着长裤，也有好穿着短裤的习俗。短裤在中国古代称之为"襣（bì，合裆的贴身内裤）"。如《方言》曰："无裆（lóng，袴）之裤谓襣。袴无踦者，即今犊鼻裈也"③ 汉代合裆短裤称之为犊鼻裈。代钦塔拉 3 号辽墓中出土了两种契丹人的短裤，它们的形制分别是：黄褐色回纹地团花绫锦裤，开裆，裤腿长到膝部，款式与裙裤形制相似。黄色绢短夹裤，合裆，腿内三角形，露胯。这种短裤两侧几乎是全部裸露的，是辽代较为常见的短裤。在河北宣化辽代墓葬壁画中对此种短裤也有类似描写，有专家曾在伦敦一家古董商店发现过契丹的短裤。④

---

① 王青煜：《辽代服饰》，第 35 页，沈阳：辽宁画报出版社，2002 年。
② 王青煜：《辽代服饰》，第 35 页，沈阳：辽宁画报出版社，2002 年。
③ 郝懿行、王念孙、钱绎、王先谦等著《尔雅 方雅方言·释名》影印本，第 842 页，上海：上海古籍出版社，1989 年。
④ 王青煜：《辽代服饰》，第 38 页，沈阳：辽宁画报出版社，2002 年。

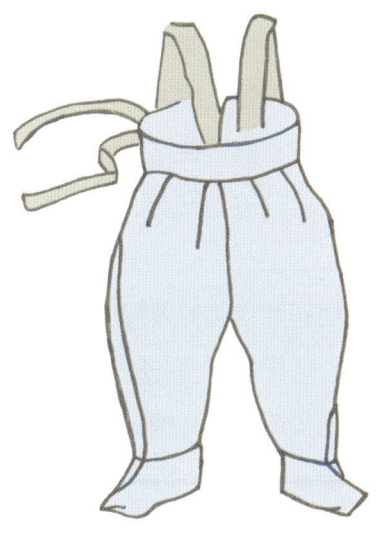
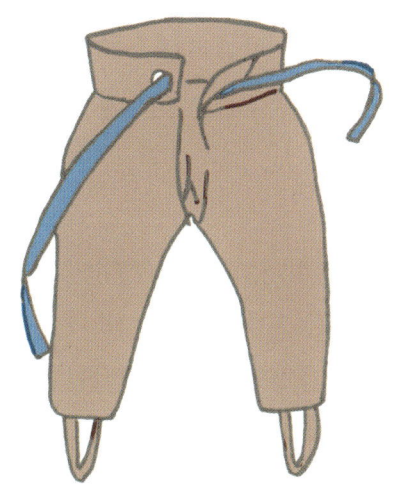

图6-4 辽代吊敦（摘自《辽代服饰》，黄沐天设色）——类似连袜裤，裤后开口处横缀两带，裤腰上竖缀两背带。

图6-5 辽代脚蹬裤（摘自《辽代服饰》）——黑龙江阿城金齐国王墓出土，裤腰下连两只小口裤腿，裤腿下有脚蹬带，属于开裆裤。

图6-6 辽代短裤（摘自《辽代服饰》，黄沐天设色）——内蒙古代钦塔拉3号辽墓出土，裤腿长至膝部。

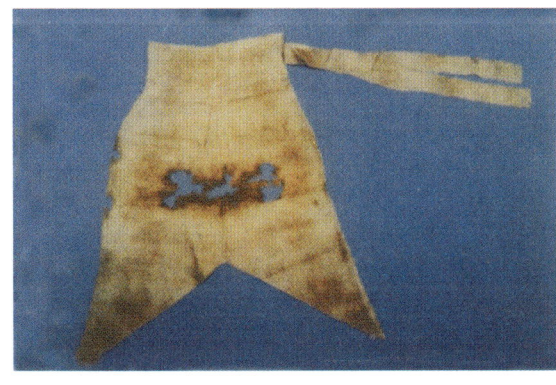

图6-7 辽代三角裤（摘自《辽代服饰》）——内蒙古代钦塔拉3号辽墓出土，合裆，两侧几乎全部暴露。这是一种紧身、形制比较窄小的三角裤衩。

辽代的裤子之中，也分无裆裤与有裆裤两种。所谓无裆裤，与中原无裆裤相近，实际就是中原的胫衣，套裤。辽人的这种裤子形制上粗，有前长后短的斜口，上缀吊带，下细，平口的裤腿。据王青煜先生的考证，这种裤子在辽代非常流行，原因在于"辽地冬季严寒，夏季多雨，住穹庐居毡帐，袍服下摆很大，易透风寒，在裤外套裤，可保护膝部以下免受风湿，因它无裆，可使双腿活动得灵便"[①]。

有裆也称合裆，合裆齐膝短裤便是契丹下层百姓穿着的短裤之一，在内蒙古库伦7号辽墓中绘有一持荷伞侍从，就穿着这样的合裆齐膝短裤。大致上骑马者穿无裆裤，有裆裤则是步行者所穿。辽代还流行套裤，一种无裆而又没有裤腰的裤子。

图6-8　辽代合裆齐膝短裤（摘自《辽代服饰》）——库伦7号辽墓壁画所绘荷伞仕仆，小腿部着膝裤（类似长筒袜），胯部着合裆短裤。

图6-9　辽代套裤（摘自《辽代服饰》，黄沐天设色）——套裤无裆，如同两只裤管，以吊带系之。辽人着套裤，是为了保护膝下免受风寒侵蚀。其作用类似现在骑摩托车者所用护膝。

---

① 王青煜：《辽代服饰》，第39页，沈阳：辽宁画报出版社，2002年。

1974年春，在辽宁省法库县叶茂台发现辽墓群，其7号墓墓室及遗物保存完好，出土了大量的辽代服饰实物，其中就有一件黄色素纱袜裤，北方称之为套裤，实为两只裤腿，上有细带，吊系于腰，下纳于靴内。[1]套裤在辽代流行，与北方气候寒冷，多套衣裤增加御寒保暖功能，以及游牧民族穿套裤方便马上活动有关。通常，"契丹人要穿套裤，按照穿着顺序，套裤应着最外层，外再套鞋靴"[2]。

4. 辽代妇女喜好袒露装

辽代的妇女上衣内衣有抹胸。辽代的抹胸只是一块横幅布，裹于胸部，其形制为"横布长如胸围，于腋下缀扣系之，上缀两带挎于肩上"[3]。

在辽墓壁画中有这样的抹胸描绘。辽代抹胸穿着主要是两类人群，一是大家闺秀、贵族妇女；二是女相扑运动员。女子相扑与男子相扑一样，需要半裸进行，男子可以上身赤裸，下着短裤，而女子则不能像男子上身赤裸，需要有些衣物遮挡，但是又不能全部遮盖。《辽史拾遗》卷十五云：抹胸"通蔽其乳，脱若褫（chǐ，夺去或解下衣服）露之，则两手覆面而走，深以为耻也"。抹胸正好解决了露与不露这个问题。

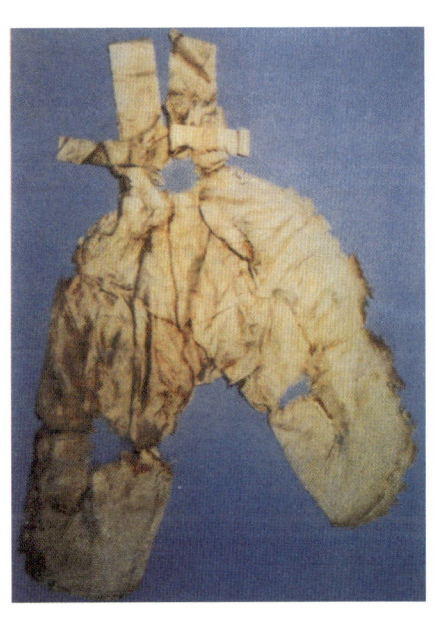

图6-10 辽代妇女之抹胸（摘自《辽代服饰》）——内蒙古巴林左旗白音罕山辽代秦王韩匡嗣墓前室所绘《侍女图》中妇女抹胸。辽代抹胸只是一块布帛，裹于胸前。

对于大部分辽代契丹妇女而言，并无穿抹胸内衣的习惯，或许是因为契丹本为游牧民族，没有汉人的许多规矩与礼俗。契丹妇女不但不穿抹胸，遮

---

[1] 王秋华：《惊世叶茂台》，第121页，天津：百花文艺出版社，2002年。
[2] 包铭新、李甍、曹喆主编：《中国北方古代少数民族服饰研究·契丹卷》，第129页，上海：东华大学出版社，2013年。
[3] 王青煜：《辽代服饰》，第46页，沈阳：辽宁画报出版社，2002年。

挡胸部,而且以暴露丰硕的乳房为荣,干活生产,家居生活,袒露胸乳,自然率真,毫不避讳。这点我们从辽墓壁画中可以管窥,这幅《庖厨图》中契丹妇女正在厨房烹调食物,上穿黑色交领长袍,下着白裤,露出右臂和胸乳,繁忙而紧张。她袒胸露乳,实则是她的生活原生态,并无顾忌,这也说明辽代妇女有敞开衣襟,露胸干活的习俗。

5. 背心与裹肚

辽代女子内衣尚有背心与裹肚。

辽代棕色丝绵背心实物,出土于内蒙古察右前旗豪欠营6号辽墓,1981年发掘。背心分为两部分,前片长67厘米,以带系扎,后片为对开式,相互叠压。[①] 形制是背心加系带。

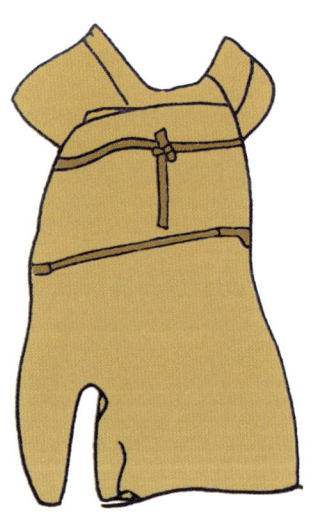

图6-11 《庖厨图》——辽代袒胸的妇女(摘自《辽代服饰》,黄强临摹,黄沐天设色)——内蒙古敖汉旗七家子辽墓一号墓所绘壁画《庖厨图》,上着黑色交领长袍,不着抹胸,露出胸乳。自然大方、洒脱,全无羞涩之态,说明不着内衣,袒露胸乳对于辽代妇女是一种习俗。

图6-12 辽代背心示意图(摘自《中国古代北方少数民族服饰研究·契丹卷》,黄沐天设色)——内蒙古豪欠营6号辽墓出土,背心为棕色丝绵,背面作对开式。

---

① 包铭新、李甍、曹喆主编:《中国北方古代少数民族服饰研究·契丹卷》,第118页,上海:东华大学出版社,2013年。

二、金代的内衣

金代是女真族建立的政权,生活在黑龙江、松花江流域和长白山一带,一直到隋唐时期,还过着以渔猎为主的氏族部落生活,古称"靺鞨"。

1. 金代历史与服饰

公元 10 世纪时,女真族在辽的统治之下。辽兴宗时期,居住在安出虎水一带的女真完颜部发展为强大的部落,完颜旻继任联盟长时,开始对外掳掠和扩张。[1] 辽天庆五年(1115)九月,完颜部首领阿骨打在会宁(今黑龙江阿城县)建立起奴隶制政权,国号为"金"。

金代地处东北地区,气候寒冷,服饰皆用皮毛。宋代宇文懋昭《大金国志》记载:金人的服饰"富人春夏多以纻丝、锦绸为衫裳,亦间用细皮布,秋冬以貂鼠、青鼠、狐貉或羔皮、或作纻丝绸绢,贫者春夏并用为衫裳,秋冬亦衣牛、马、猪、羊、猫、犬、鱼、蛇之皮,或獐、鹿、麂皮为袴、为衫、为袜,皆以皮。至妇人衣,曰大袄子,不领,如男子道服,裳曰锦裙。裙去左右,各间二尺许,以铁条为圈,裹以绣帛,上以单裙袭之"[2]。

宋代宇文懋昭《大金国志》卷三十四记载:国王视朝服:纯纱幞头,窄袖赭袍,玉扁带,黄满领。太子朝服:纯纱幞头,紫罗宽袖袍,象简玉带,佩双玉鱼。亲王与三公朝服:纱制幞头,紫罗宽袖袍,象简玉带,佩玉鱼。一至五品官员朝服:紫罗宽袖袍。六七品官员朝服:文官服绯,武将服紫。八九品官员朝服:文官着绿袍,武将服紫袍。[3]

金代风俗喜好白色。《三朝北盟会编》卷三记载:"其衣布,好白衣。"[4] 金人风俗以白色为洁净,同时也与地处冰雪寒天的气候、自然环境有关。动物在雪地里生存,便于伪装、行动,白色皮毛较多。金人以打猎为生,也需

---

[1] 蔡美彪、吴天墀:《辽、金、西夏史》,第 48 页,北京:中国大百科全书出版社,2011 年。
[2] [明]陶宗仪等编:《说郛三种》影印本,第 5 册,第 2536 页,上海:上海古籍出版社,1989 年。
[3] [宋]宇文懋昭撰,崔文印校证:《大金国志校证》,第 482—483 页,北京:中华书局,2015 年。
[4] [宋]徐梦莘撰:《三朝北盟会编》影印本,第 17 页,上海:上海古籍出版社,2019 年。

图 6-13 金代左衽窄袖袍展示图（摘自《中国历代服饰》）——在中原汉人服饰为右衽，少数民族服饰通常为左衽。金代公服仿中原汉制，用圆领衫，大袖，戴进贤冠。金代女服则是汉化与本民族服饰混搭，贵族往往有左衽，窄袖袍与背子、右衽袍两种穿着。

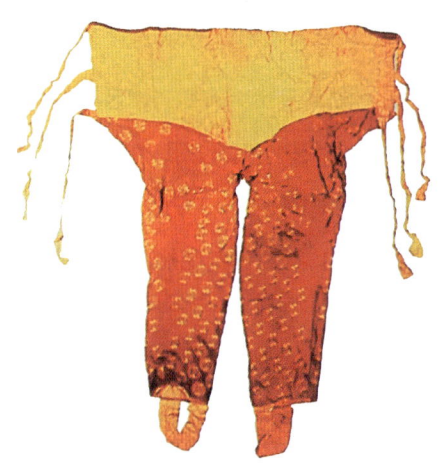

图 6-14 金代刺绣罗裤（摘自《中国服饰通史》）——刺绣的罗裤，一本作衬裤，秋冬之际使用。北方气温低，罗裤也是贴身穿的。与南方汉人的罗裤不同，南方罗裤是单层面料，作为内衣使用，衬裤一般为夹裤，有衬，或絮绵。

要白色的伪装，与环境相融。因此，金人服饰衣皮、皮筒里儿多为白色。

金代服饰基本上保留了女真族的传统形制。女真族男子的常服，通常是头裹皂罗巾，身穿盘领衣，腰系吐骼带，脚着乌皮靴，色彩喜用环境色，衣服的质料除织物，多采用皮毛，以抵挡风雪寒流的侵袭。

金代服饰，基本上保持了女真族的形制。金、辽服饰有相似之处，但发式大不相同，男女皆以辫发为尚，男辫发垂肩，女辫发盘髻。

因北方寒冷,金人服装多用兽皮制作。金代建国后,大体上沿袭辽代服饰制度,服饰崇尚简朴。妇女之服,多采用直领,左衽。

2. 金代亵衣与佰腹

金代服饰以皮衣、棉衣为主,因为气候因素,很少展露内衣。金代内衣品种并不丰富,大致上男子有亵衣、吊敦、大口裤,女子有抱肚、佰腹。

吊敦,又称吊敦裤,就是衬裤。辽代、金代都有,男女通穿。1988 年 5 月黑龙江阿城市巨源乡城子村发现金代太尉齐国王完颜晏墓葬,考古挖掘出土了一批服饰,有袍、带、短衣、蔽膝、抱肚、裙、吊敦、袜、靴、鞋等。吊敦裤系女墓主所穿,裤通长 124 厘米,腰高 46 厘米,裤腿长 80 厘米,裤脚宽 20 厘米,腰宽 60 厘米,胸围 111 厘米。吊敦裤采用棕褐色菱纹地绣团花面料,黄色绢为内衬,内纳丝绵。形制为腰上边齐于腋下,裤筒下口套带蹬于足底。上部横幅连着裤腰,后腰开衩,两侧钉有三副黄绢襻带,腰下缝接连裆筒。① 穿用时有套带卡在脚底,可以避免裤管上滑;金代没有后世的松紧带,后腰开衩,穿着者身体胖瘦,以襻带调节。

图 6-15 金代驼色朵梅暗花罗单衣(摘自《中国服饰通史》)——单衣可以贴身穿,也可以罩于抹胸之外,视季节变化而定。春夏季贴身穿着,秋冬季单衣穿于抹胸之外。

图 6-16 金代吊敦裤(黑龙江博物馆藏)——吊敦,又做吊敦裤,男女通穿,适合于骑乘人员。传入中原后,不仅骑行者穿着,非骑行也可穿,原因在于穿脱方便。

---

① 王春法主编:《中国古代服饰文化》,第 209 页,北京:北京时代华文书局,2021 年。

阿城巨源金齐国王墓还出土了金代男子袭衣两件：褐地朵梅栾章金锦棉蔽膝，苔绿地栀子金锦棉蔽膝。出土时裹于齐国王腰部。

褐地朵梅栾章金锦棉蔽膝，上宽155.6厘米，下宽112.8厘米，下部中间有长开衩，衩长54.6厘米。面料为罗，内衬为绢，再衬以棉絮。由三块布帛拼接，上部缝合，下部开衩。左衩上部有四个扁孔，左右两侧缝制四条绢带。抹胸覆盖身体前胸并腹，右边绢带绕过腋下，折向后背，穿入扁孔，与左边绢带扣扎。①

图6-17 金代男子抹胸（摘自《中国服饰名物考》，黄沐天设色）——抹胸在宋代、金代，都是男子所穿，明清时期才是女子所穿。金代抹胸与南宋抹胸形制不同，为不对称，有多条系带，与其说是穿戴，不如说是捆绑。

对于这两件蔽膝的名称，有点疑问。考古专家定名为蔽膝，《金代服饰》一书六二图版蔽膝揭取现状，展示蔽膝出土时盖在齐国王胸、腰部。第一章说过蔽膝位置在小腹之下，两股之间，功能是遮挡生殖器，如果遮挡胸部就不是蔽膝。从金齐国王蔽膝形制来说更像宽大的抹胸。高春明在《中国服饰名物考》中对此物不说是蔽膝，而说袭衣，并说"使用时将衣身覆盖于前胸，两边折向身后"②，显然与蔽膝不是一件物品。笔者赞同高春明的说法，命名蔽膝似乎不够准确。

金齐国王墓的女主有两件抱肚，棕罗云龙贴补绣抱肚与素绢锦抱肚。

棕罗云龙贴补绣抱肚纵长55.5厘米，通宽114厘米，底缘宽6厘米。抱肚采用贴补绣工艺，用黄色罗剪成三朵灵芝云，内衬绢底，沿云龙纹遍钉金绣。龙体轮廓与云朵略呈红色，以黑色点睛，幅面云龙纹纵横交错。出土时"抱幅中幅原在女胸腹部，上边齐于腋下。左幅穿时先由腋肋下绕贴后背裹层，

---

① 高春明：《中国服饰名物考》，第573页，上海，上海文化出版社，2001年。
② 高春明：《中国服饰名物考》，第576页，上海，上海文化出版社，2001年。

襻带分别由右侧带孔穿出,然后将右幅合于后背外层,襻带由其左腋肋部绕出,两侧襻带束于胸前。"①

图 6-18　金代棕罗云龙贴补绣抱肚(摘自《中国服饰通史》)——黑龙江阿城巨源金齐国王墓出土。齐王妃所用抱肚,以棕色罗地贴补绣云龙纹为面料,衬黄色绢里,内絮丝绵层。纵长 55.5 厘米,通宽 114 厘米,抱肚底缘宽 6 厘米。出土时,抱肚中幅在王妃胸腹部,上边齐于腋下。

金代还有佰腹。有学者认为佰腹就是抱肚,也有学者认为是两件物品,形制近似却并不相同。高春明先生考证:佰腹是一块幅巾,通常横置于腹;在这块幅巾上,缀有布带,以便系扎;妇女使用佰腹,不仅为了遮羞,而且兼有束腰作用。②换言之,金代女子的内衣佰腹具备了现代束身内衣的功能。

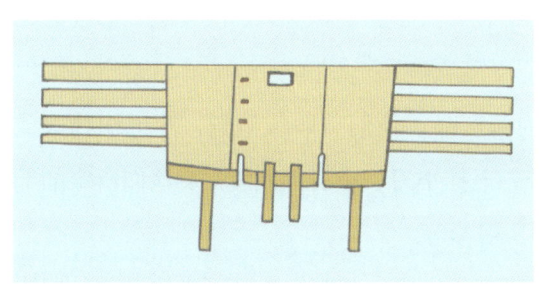

图 6-19　金代妇女的佰腹(摘自《中国服饰名物考》,黄沐天设色)——形制与男子的抹胸也有区别,不过穿戴方式上却如出一辙,都用系带捆扎。明清时期抹胸、肚兜也依然是系带。

三、西夏的内衣

西夏自称大夏国,或称白高大夏国,因为在宋代的西部,史称西夏。前期与北宋、辽朝对峙,后期与南宋、金朝鼎足。

---

① 赵评春、迟本毅:《金代服饰——金齐国王墓出土服饰研究》,第 35 页,北京:文物出版社,1998 年。
② 高春明:《中国服饰名物考》,第 572—573 页,上海:上海文化出版社,2001 年。

1. 西夏历史与服饰

西夏是党项族建立的政权，原居住在青海省东南部黄河曲一带。隋唐时期，活动范围扩展，向东北迁徙。天授礼法延祚元年（1038），李元昊称帝（景帝），国号大夏。西夏国疆域主要在陕甘黄土高原地区，气候冬季长而气温低，空气干燥，雨水少，常干旱。多数地区是靠天吃饭，春天无雨难播种，夏秋无雨没收成。① 自然地理与气候条件影响了西夏人的生活，影响了他们的服饰文化。加上西夏建国后，逐渐崇尚儒学，服饰兼容党项族与汉族之特点。大致来说，西夏人服饰，文官装束多因唐宋，武官服饰则倾向民族特征，推究其原因，西夏初期文官汉族人居多，武官则是党项人居多。②

西夏人属于游牧民族，其生活以畜牧业为主，决定了他们的服饰离不开毛、皮之类。《旧唐书·党项羌传》云："男女并衣裘褐，仍披大毡"③，说明毛纺织品在西夏人服饰体制中所占的比例最大。畜牧业产生皮革，牛羊毛可以纺织成线，制作毛织物、毡子。西夏人的日常纺织物有帐毡、枕毡、褐衫、毡帽，以及皮制品的靴子、长鞴、皮裘（袄子裘、新皮裘、次皮裘、旧皮裘、苦皮等）。④

党项人的衣着，原材料也多为畜产品。他们一般戴毡帽，穿毛织物衣或皮衣（羽服），着皮靴，腰间束带，上挂小刀、小石等用物。⑤ 他们所穿的毛皮制品有皮裘短鞴（yào）、长鞴、褐衫等。

西夏曾经依附大宋，得到大宋王朝的衣服，其服饰也受到中原文化与服饰的影响。但是李元昊认为衣皮毛是党项族的民族传统，不应改易，党项谚语中有反映，"亲家头有羊皮袋，腹侧酥油挂木叉"，因此，在西夏就存在着两种服饰混搭的情况。

李元昊立国之前效仿中原地区服饰制度，制定西夏文武官员服饰制度。

---

① 史金波，《西夏社会》，第24页，上海：上海人民出版社，2007年。
② 黄强：《中国古代服饰研究》，第152页，中国台北：兰台出版社，2022年。
③ ［后晋］刘昫等撰：《旧唐书》点标本，第5291页，北京：中华书局，2017年。
④ 史金波，《西夏社会》，第664页，上海：上海人民出版社，2007年。
⑤ 吴天墀：《西夏史稿》，第231页，北京：商务印书馆，2016年。

图 6-20 西夏供养人像（摘自《中国古代服饰文化》）——供养人其实是真人的图像，包括敦煌供养人，往往以供养者的面貌雕凿或绘制。早期供养人形象是人，不是神。供养人的服饰也反映在塑像或壁画上。

第六章 主腰藤缠紧扎身——辽金西夏蒙元时期的内衣

《宋史·夏国传上》记载："始衣白窄衫，毡冠红里，冠顶后垂红结绶。""文资则幞头、靴笏、紫衣、绯衣；武职则冠金帖起云镂冠、银帖间金镂冠、黑漆冠、衣紫旋襕，金涂银束带，垂蹀躞、佩解结锥、短刀、弓矢韣（dú，弓袋）、马乘鲵皮鞍，垂红缨，打跨钑拂。便服则紫皂地绣盘毬子花旋襕、束带。民庶青绿，以别贵贱。"①

西夏人以白为美，为尊，白色在西夏被视为最尊贵的颜色，白的服色为西夏皇帝所独享，西夏皇帝穿白衫，戴白冠。白色在西夏是至高无上的权力象征。②

西夏男服品种有衣服、衣着、斗篷、围裙、袄子、汗衫、布衫、皮裘、法服、紧衣、腰带、围腰、珂贝、褐衫、旋襕、毡毯、袍子、衬衣、背心、袜肚、裤、披毡、征袍等26种。女服品种有锦袍、背心、裙裤、领襟、后领等19种。③

2. 西夏内衣袄与袜肚

西夏服饰中属于内衣的有罗衫、布衫、窄衫、单衣（单衫）、袄子、睡袄、衬衣、汗衫、肚兜、紧衣、背心、掩（yǎn）心、袜肚、褙子、围腰等。西夏男女均喜好穿衫子，上至帝王，下至百姓。

西夏女子在外袍内还穿有贴身的单衣（单衫），如榆林窟第29窟中女供养人服饰形象，领口有五层，第二层里面就是内衣，最里面就是类似宋代单衫的内衣。④ 衣领口绣有不同颜

图 6-21 榆林窟西夏供养人单衫上的小团花（摘自《中国古代北方少数民族服饰研究·吐蕃卷 党项、女真卷》）——西夏内衣与宋代内衣比较，面料虽然皆来自宋朝，但是在边饰上，西夏更重视装饰。

---

① ［元］脱脱等撰：《宋史》点校本，第13993页，北京：中华书局，2017年。
② 张迎胜主编：《西夏文化概论》，第182页，兰州：甘肃文化出版社，1995年。
③ 陈高华、徐吉军主编：《中国服饰通史》，第382页，宁波：宁波出版社，2002年。
④ 包铭新、张竞琼、孙晨阳主编：《中国北方古代少数民族服饰研究·吐蕃卷 党项、女真卷》，第171页，上海：东华大学出版社，2013年。

色的花边，以及小团花。对于西夏人来说内衣紧贴身体，秘不示人，但是却有装饰，绣有花纹，图案，不仅是重视，更是审美。至少从图案表现上是这样。南宋的抹胸有实物出土，但是因为埋于地下千年，抹胸已变色，腐朽，细部看不清晰，自然无法与西夏图像中的内衣纹饰比较。宋代衫子都是轻薄的罗、纱，西夏单衣（单衫）面料也来源于宋代。

西夏的袄即带袖、带襟的上衣。

睡袄是西夏人的紧身小衣。

背心为无袖短衣，一年四季皆可穿。

袜肚是西夏女性的贴身内衣，类似中原的肚兜，方形，以系带系扎，系于颈部和腰部。

西夏的掩心类似中原的心衣。有前片，无后片，穿时掩盖胸腹部，"在其上端两角则缀有钩肩，钩肩之间施一横裆，着后双臂贯于钩肩；腰间另系以带"[1]。

西夏千字文《碎金》有云："袄子短小合，裙裤长宽宜。兜肚围胸肋，鞋袜套脚胫。"[2] 概括了西夏内衣的形制与特点。

四、元代的内衣

元代是蒙古人建立的王朝，元太祖成吉思汗元年（1206）建立大蒙古国。1260年元世祖忽必烈即位，以开平为上都，燕京（今北京）为中都。1271年，改国号为大元，第二年升中都为大都。

1. 元代历史与服饰

蒙古建国后，不断向外扩张，1219年成吉思汗与1235年窝阔台两次西征，

---

[1] 高春明、周天：《西夏服饰考》，收入刘元风、贾荣林主编：《敦煌服饰暨中国传统服饰文化学术论坛论文集》，第96页，上海：东华大学出版社，2016年。

[2] 包铭新、张竞琼、孙晨阳主编：《中国北方古代少数民族服饰研究·吐蕃卷 党项、女真卷》，第174页，上海：东华大学出版社，2013年。

远征势力远达意大利的威尼斯东北。至蒙哥汗西征时,成为世界历史上面积最大的帝国,也是连续性版图最辽阔的国家。①

元代创立者本为蒙古族,服装上属于胡服一类。中原初定,元代建立,服饰制度近取金、宋,远法汉唐,在吸纳了汉民族传统服饰的基础上,形成了元代服饰制度。由于元代将人分为蒙古人、色目人、汉人、南人四等,也影响了服饰的民族差别,南北地区的差别,以及社会等级的差异。

图6-2 山东章丘元墓壁画(摘自《中国古代北方少数民族服饰研究·元蒙卷》)——一组四人,男女主人与侍妾端坐,男主交领袍,戴瓦楞帽。侍女站立,与女主、侍妾皆为袍服,衣领不同。从人物着装分析,中原服饰与蒙元帽子的结合。

元代的皮袄、皮帽及皮靴,都用貂鼠、羊皮等为之。元代衣冠以帽笠为主,即冬帽夏笠。有金锦(或貂皮)暖帽、金答子珠帽(后檐皮帽)、七宝重顶冠、珠子卷云冠、钹笠冠(鞑帽)、短檐帽、圆帽、瓦楞帽、风帽、顶笠等。

服饰有质孙服、辫线袍、比肩、比甲(与明代比甲名称相同,形制不同)等。质孙服是元代蒙制的官服,以衣料和色泽来区别品级高低。② 服制为

---

① 包铭新、李甍、曹喆主编:《中国北方古代少数民族服饰研究·元蒙卷》,第38页,上海:东华大学出版社,2013年。
② 黄强:《中国古代服饰研究》,第137页,中国台北:兰台出版社,2022年。

图6-23 元代辫线袍（中国国家博物馆复原人像）——辫线袍是元代的典型服饰。形制为交领右衽，窄长袖，下摆多密褶，下摆右后侧开衩重叠，腰部有腰线或辫线。

头戴大檐帽或宝顶钹笠，肩部有披领，称为"贾哈"，是一种沿袭辽代的披肩。[①]

蒙古族入关后，帝王有冕服、朝服，戴通天冠，着绛纱袍。官员朝服戴梁冠，穿青色衣，加蔽膝、环绶。官员公服戴展脚幞头，束偏带，衣式为大袖盘领，一至五品服紫，六七品服绯，八九品服绿。[②]

2. 元代主腰与裹肚

蒙古族妇女青睐主腰、裹肚。官吏士庶日常闲居，一般多穿窄袖长袍，地位低下的奴仆侍从，则在长袍外面加罩一件短袖衫子。元代蒙古族妇女多穿宽大的长袍，袖身宽博，于袖口出紧窄，下体多穿长裤。汉族妇女大致保持宋时服饰风尚，仍以襦裙为主。有时在短襦之外，加罩一件齐腰长的半臂。[③]

襦是窄袖短衣，贴身而穿，就是当时女性的内衣。宋代之襦，长及腰间，元代短襦，仅及乳部，形制上接近衬衫，但是无下摆，类似半截胸衣。

元代女子内衣主要有主腰和裹肚。

主腰，又作主要，妇女着于胸前的贴身小衣，作用与抹胸相似。马致远《寿阳曲·洞庭秋月》有云："害时节有谁曾见来，瞒不过主腰胸带。"

裹肚，元代妇女所穿的兜肚。关汉卿《拜月亭》第一折："把两付藤缠儿轻轻得按的扁釟（pín，蚌珠），和我那压钏通三对，都绷在我那睡裹肚薄绵套里，我紧紧的着身系。"从关汉卿剧作描述中，给笔者的印象有两点：一是裹肚裹着肚子，紧扣身子，以系带为之，有束腹的功能；二是棉制品，应该是冬季的用品。裹肚好像更适合于生活在寒冷地带的蒙古族妇女使用。甘肃漳县徐家坪汪家坟元墓曾经出土过元代的男子裹衣，根据高春明先生的考证：其形制覆于前胸，衣式固定，形似背心，胸前钉有一排密扣，背后以两条交叉宽带相连，使用时以纽扣绾结，与缚带式裹衣完全相同。[④]

[①] 包铭新、李甍、曹喆主编：《中国北方古代少数民族服饰研究·元蒙卷》，第62页，上海：东华大学出版社，2013年。
[②] 周锡保：《中国古代服饰史》，第355页，北京：中国戏剧出版社，1986年。
[③] 缪良云主编：《中国衣经》，第72页，上海：上海文艺出版社，2000年。
[④] 高春明：《中国服饰名物考》，第576页，上海：上海文化出版社，2001年。

图6-24 元代穿素色半臂妇女（摘自《中国历代妇女妆饰》）——半臂出现在魏晋，属于裹衣，男女通穿。到了宋元则是女性所穿，穿于内则是内衣，着于外则是外衣，用当下时髦的话说就是内衣外穿。

图6-25 元代短襦（摘自《中国历代妇女妆饰》）——江苏无锡市郊元墓出土，短襦即短制内衣，贴身穿着。

图6-26 元代对襟衫（摘自《中国衣冠服饰大辞典》）——对襟衫比短襦的形制要宽大些，但是仍然属于内衣范畴。

图6-27 元代黄地宝相花织金锦抹胸（摘自金文《南京云锦》）——古代内衣只局限于闺房，少有展露的，但是私密物品仍然可以做的精致，自我欣赏，深闺秘戏，合乎人类繁衍法则。

图 6-28　元代男子褒衣（摘自《中国服饰名物考》，黄强临摹，黄沐天设色）——甘肃漳县徐家坪汪家坟元墓出土，以密扣代替系带。女子用密扣、系带，为束缚胸乳，在宋明理学控制下"万恶淫为首"的封建社会，女性胸乳凸显是受批判的，女子以内有束缚胸乳。男人有胸衣（抹胸）可以理解，用来保暖，为何也着如此紧密的褒衣，有些费解。

3. 汉族妇女内衣仍以抹胸、肚兜为主

元代汉族妇女的内衣还是以抹胸、肚兜为主，从反映《西厢记》故事张生与崔莺莺私会的木刻图像看，崔莺莺穿的是肚兜，形制比较长，一直拖到下腹部，领部有系带，穿戴得并不紧凑。而元代绘画中的抹胸围在胸前，从图像看形制也是宽松形，不像明代的抹胸比较紧凑。内衣图像给笔者的感觉则是似乎寻常人家的女性内衣倾向于肚兜，而风月场所的女子则倾向于穿抹胸。

这种推测还是有其存在可能的，理由有二：一是这两种内衣从形制上比较，抹胸似比肚兜性感；二是风月场所的女子一向是时尚的最早体验者，她们敢于以身试衣，争穿性感撩人之内衣。

上衣的内衣方面元代妇女有穿背心、半臂的习俗，在江苏无锡出土过元代背心的实物，在内蒙古地区曾出土描绘元代半臂的壁画。

图 6-29 张生与崔莺莺私合——《西厢记》木刻插图，崔莺莺穿的抹胸领部系带较高，几乎裸露胸部。蔑视礼教，纵情放达，崔莺莺勇敢地穿着低胸抹胸，吸引情郎，为古代女性争自由，摆脱人性压迫，写下了光彩的一页。

图 6-30 元代开裆裤（摘自《中国历代妇女妆饰》）——元代开裆裤沿袭了宋代开裆裤的风格，其穿着者依然是汉族妇女。蒙古民族女性着宽大袍服，不需要开裆裤，如果骑行，开裆裤也不适用。

五、简短的结论

辽代因为属于少数民族，受中原文化影响甚少，保持着原始民族的开放性风格，尽管辽代也有内衣，但是辽代妇女无穿内衣的习惯，一般来说贵族妇女穿内衣，但是并不显露于外；下层劳动人民穿内衣时常常显露于外，甚至袒胸露乳，回归自然。金国服饰以皮衣、棉衣为主，因为气候因素，很少展露内衣。金代内衣品种并不丰富，大致上男子有七八个品种。西夏男女均喜好穿衫子，内衣品种比较丰富，有十多种。西夏女子对于内衣边饰比较重视，表现出她们的审美情趣。蒙古族妇女青睐主腰、裹肚，裹肚兼有束腹功能。至于元代的汉族妇女内衣则倾向于抹胸、肚兜，开启明清内衣。与中原文化比较，辽、金、西夏、元内衣远不如两宋丰富，审美方面也有差异。

宋元以降的收敛风尚，对内衣发展的影响是深远的，从这时期的内衣发展状况可以看出这种影响是显而易见的，不仅对当时社会产生了直接的效果，而且对明清时期的内衣织造业亦然。

图 6-31　元代背心（摘自《中国历代妇女妆饰》）——江苏无锡市郊元墓出土，胸前用一排纽扣系住，与后世的套头式背心不同。

第七章 脸似芙蓉胸似玉——明代的内衣

明清是中国封建社会最后的两个朝代,程朱理学在明代占据了统摄地位,同时,明代及清初的「存天理,去人欲」的思想,对服饰等级、礼俗的影响很大。明代的内衣作为亵衣,穿戴在里,以及闺房、家中呈现,因此秘不示人,文字记载甚少,只能从世情小说及其插图窥见。

明清是中国封建社会最后的两个朝代，程朱理学在明代占据了统摄地位，明代及清初的"存天理，去人欲"思想，对服饰等级、礼俗的影响很大。

同时，明清时期是社会变革时期，无论是内部还是外部，都孕育着变革的机缘。东南沿海频繁受到倭寇侵扰，到了清末更是被坚船利炮打开国门。西学东渐，对社会、意识形态都有很大的冲击，明中叶资本主义开始萌芽，市井阶层崛起，正德年间更是出现社会制度紊乱、服饰等差级松弛、朝纲日坏的现象。①

明代是封建社会汉民族占统治地位的最后一个朝代，清代是中国封建社会的最后一个时代，因此，明清时期的服饰都具有末代收敛性的特点。

图7-1 明代戴乌纱帽穿补服的官员（摘自《中国历代服饰》）——乌纱帽与补服是明代官员的标配服饰，官员品秩以补子图案来区别，文官一品仙鹤，二品锦鸡，三品孔雀，四品云雁，五品白鹇，六品鹭鸶，七品鸂鶒，八品黄鹂，九品鹌鹑等。乌纱帽起源于东晋，始于隋朝，盛于唐朝，极盛于明朝，又终止于明朝。乌纱帽在明代成为做官为宦的代名词，但是明代之后，乌纱帽也没落了，清代以降官员们不再使用乌纱帽。

---

① 黄强：《从服饰看金瓶梅反映的时代背景》，刊《江苏教育学院学报》1993年第2期。转刊于《复印报刊资料：中国古代近代文学研究》1993年第11期。

一、明代的服饰特点

内衣因为是穿戴在里,以及闺房、家中,往往秘不示人,又称亵衣。也因为内衣贴身而穿,在明代"存天理,去人欲"理学思想统摄下,更是难以见到。这就给后人研究带来诸多困难,不仅图片难得一见,文字的记载也是寥寥无几。尤其是官方的《舆服志》只言片语,不得细究。因此关于内衣的记载只有从这一时期的世情小说及其插图中,窥得一斑。又因为是文学、艺术作品,它的记录往往不是十分准确,这是必须说明的。

明代男子内衣较女性的简单,品种也少,官服、礼服里面是中单,通常贴身穿着。中单设计简单,腰部没有缝隙,下方不分割成多幅。中单通常为白色,用其他色泽一般选择浅的,如米黄、浅棕、淡蓝等,饰有边缘。白色或浅色中单朴素,与官服相配,低调不喧宾夺主,一件可以对应祭服、公服、补服的需要。家居内衣无非大襟衫。

图7-2 明代白纱中单(摘自《衣冠大成》)——《明史·舆服志三》中就有洪武二十六年朝服"俱用梁冠,赤罗衣,白纱中单。"嘉靖八年朝服"梁冠如旧式,上衣赤罗青缘,长过腰指七寸,毋掩下裳。中单白纱青缘。"祭服"一品至九品,青罗衣,白纱中单,俱皂领缘。"

第七章 脸似芙蓉胸似玉——大明时期的内衣 · 161

1. 明代内衣呈现开放、性感特征

传统的观点认为我国古代是封闭、保守的，服饰表现上尤其这样，处处贯穿着"存天理，去人欲"的思想。从整个社会的历史进程方面讲，此话正确，但是在历史长河的断代或局部方面，并非如此，在特定的时间段，我国古代社会风气也有极为开放的一面。例如，唐代的开放是有目共睹的，妇女的生活十分丰富，因此唐代妇女服饰也呈现多姿多彩的风格。宋明以降，思想更趋保守，服饰制度有所收敛。但是在明中叶却出现了礼教思想松懈的现象，表现为传统社会等差制度受到极大的冲击，违礼逾制现象比较普遍，服饰尤其是妇女服饰也随之发生了巨大的变化。①

这个变化，就是明中叶妇女服饰呈现华丽的特点，体现出社会的奢侈之风。随着社会风尚的放纵，妇女的内衣也表现出了开放、性感的特征。

明代妇女的服装，主要有衫、袄、霞帔、背子、比甲、裙子等。衣服的样式大多仿自唐宋，一般都是右衽。②根据不同的社会地位，分为命妇服装和一般妇女服装。命妇服装又为礼服和常服，礼服是朝见皇后，礼见舅姑、

图7-3 《金瓶梅》中的比甲长裙（黄沐天设色）——这是明代妇女的典型服饰，《金瓶梅》中的女性几乎都有穿比甲的描述，诸如沉香色遍地金比甲、绿遍地金比甲、大红遍地比甲、紫遍地金比甲等。比甲，形制似马甲，无袖无领，对襟，穿时罩在衫袄之外，明代妇女也喜欢穿比甲，竞相穿用，成为流行服饰。

---

① 黄强：《从服饰看金瓶梅反映的时代背景》，刊《江苏教育学院学报》1993年第2期。转刊于《复印报刊资料：中国古代近代文学研究》1993年第11期。
② 周迅、高春明撰文：《中国历代服饰》，第228页，上海：学林出版社，1994年。

丈夫以及祭祀时所穿的服装，以凤冠、霞披、大袖衫和背子组成。一般妇女的服装，除了法令规定的禁忌，如礼服只能用紫絁（shī，一种次于罗绢，类似于布的衣料），不准用金绣；袍衫只能用紫、绿、桃红等浅淡颜色，不许用大红、鸦青、黄色等；带则用蓝绢布。①

背子、比甲是明代妇女的两种主要服装，穿着比较广泛，其形式与宋代相同。背子一般分为两种式样，一是合领、对襟、大袖，属于贵族妇女的礼服；二是直领、对襟、小袖，属于普通妇女的便服。比甲，是一种无袖、无领的对襟马甲，其样式较后来的马甲长，长度超过膝盖，至小腿部位。比甲产生于元代，先为皇室成员所用，渐渐流传于民间，至明代中叶已经成为一般妇女的主要服装之一，并且在社会上形成衣着时尚。《金瓶梅》中这样的服饰是很多的，如第24回，西门庆家眷逛灯市看花灯，其家眷穿着非常考究，"月色之下，恍若仙娥，都是白绫袄儿，遍地金比甲，头上珠翠堆满，粉面朱唇"。又如第56回，"潘金莲上穿着银红绉纱白绢里对衿衫子，豆绿沿边金红心比甲儿"。

明代女子服饰中类似于内衣的有合欢襕。据称襕裙是福建地区女子的内衣，按照明人田艺蘅的说法，"自后而围向前，故又名合欢襕"②。

图7-4　明代比甲展示图（摘自《中国历代服饰》——比甲是明代女性的时尚之服，制作华丽，织金组绣。明代女性将原本在内宅穿着的比甲，当外出服装，再配上瘦长裤或大口裤，展现女性的风姿、风情。

---

① 周锡保：《中国古代服饰史》，第416页，北京：中国戏剧出版社，1986年。
② ［明］田艺蘅撰，朱碧莲点校：《留青日札》，第379页，上海：上海古籍出版社，1992年。

图7-5 《王蜀宫妓图》中窄袖背子（故宫博物院藏）——唐寅绘制，又称《四美图》。绢本，设色，纵124.7厘米×横63.6厘米。本幅自题："莲花冠子道人衣，日侍君王宴紫微。花柳不知人已去，年年斗绿与争绯。蜀后主每于宫中裹小巾，命宫妓衣道衣，冠莲花冠，日寻花柳以侍酣宴。蜀之巴谣已溢耳矣，而主之不抱注之，竟至滥觞。俾后想摇头之令，不无扼腕。"描绘的是五代前蜀后主王衍的后宫故事，人物服饰则是宋明风格，四宫女戴金莲花冠，穿窄袖背子，面施胭脂，背子华丽。

图7-6 明代合欢襕（黄强临摹，黄沐天设色）——《留青日札》说合欢襕即襕裙（福建妇女的内衣），但是从图像来看，却是外衣，或许是指胸部以内的服饰。

2. 女裙内穿膝裤

明代女子的下衣仍以裙为主，很少穿裤子，但是常在裙内穿膝裤，膝裤从膝部垂及脚面。① 裙子的颜色，初尚浅淡，虽有纹式，但是并不明显。到了明末，裙子多用素白色，即施纹绣，也都在裙幅下边一二寸处，绣以花边，作为压脚。裙子的制作比外衣还要考究，多用五彩纺织锦为质料。《金瓶梅》第 13 回就有这样的记录，"李瓶儿，夏月间戴着银丝鬏（dí，发髻或假髻）髻，金镶紫瑛坠子，藕丝对衿衫，白纱挑线镶边裙，裙边露一对红鸳凤嘴"。

二、紧身形内衣抹胸与主腰

明代女子内衣主要有抹胸、主腰、扣子衫、里衣、小衣、罗裙、单裙等。大致上可按上衣、下裳分为两类数种。上衣有里衣、小袄、衫子、薄纩短襦、裤腰，下裳有小衣、裙裥儿、裈裤、罗裙、裙裤、单裙等。

1. 明代女性主要内衣——抹胸

明代女子内衣首先要说的是抹胸。抹胸是明代女子的主要内衣，这种围在妇女胸前的，在今天的北方山西大同尚有这种围裹，名曰"腰子"，是胸前后都有的，即在天寒时也有上身只围此者，并露肩臂及乳上部的。从提供的抹胸形象看，它与一般的肚兜不同，似用纽扣扣之或用横带束之，并且也是用夹和棉制者，此式在明时已有之。② 清代徐珂《清稗类钞》记载："抹胸，胸间下小衣也。一名袜腹，又名袜肚，以方尺之布为之，紧束前胸，以防风之内侵者，俗谓之兜肚。"③ 换言之，抹胸是遮盖在女子胸前用于护体、护乳的贴身衣物，其作用类似于今天的乳罩之类的女性上身内衣。形制上前圆后方，前短后长。

关于抹胸，荷兰汉学家高罗佩有过考证。高先生通过对隐秘的春宫画研

---

① 赵超、熊存瑞：《衣冠灿烂》，第 166 页，成都：四川教育出版社，1996 年。
② 周锡保：《中国古代服饰史》，第 430 页，北京：中国戏剧出版社，1986 年。
③ ［清］徐珂编撰：《清稗类钞》，第 6200 页，北京：中华书局，2017 年。

究，认为：抹胸"是一种缠绕乳房的宽布条或绣花的绸片，上抵腋下，下至肚脐。抹胸用一根绕过乳房的绢带系紧，绢带下不过胸"①。抹胸是明代女性最主要的内衣，穿着比较普遍。在明代著名套色春宫画册《风流绝畅图》《花营锦阵》中不少关于性爱的场面，其中的女子大多数只着抹胸。大概抹胸与小脚一样都能刺激好色男人的欲望。

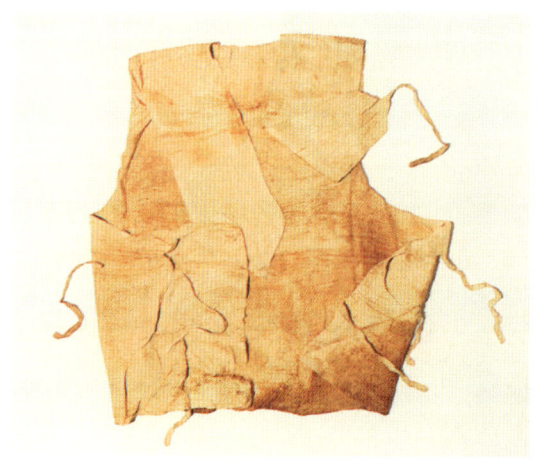

图 7-7 明代抹胸（摘自《中国历代妇女妆饰》）——江苏泰州东郊明张盘龙墓出土抹胸实物，在领、乳、背三处有三组六条系带，与文献记录吻合。对于是抹胸还是主腰，高春明先生认为是同一内衣两个名称，笔者不以为然，认为是两款内衣。

2. 性感撩人的物什抹胸

在明代著名小说《金瓶梅》中抹胸也是一个性感撩人的物什，似乎可以释放催情、勾魂、迷惑、放纵的情愫，一次次地诱惑、刺激着西门官人的感官神经，把他送上快乐的颠峰，最后也要了他的卿卿性命。

在《金瓶梅》中提及的妇女内衣，最主要的就是抹胸，这说明抹胸在明代妇女服饰中占据主要地位。从实物与图片、绘画提供的抹胸记录分析，抹胸似有两种形制。第一种是三角形、菱形，在领、胸、腰等处以系带为系。笔者看到的记录几乎都是这种形制。第二种是圆筒状，面料似有些松紧度，紧裹胸部，如绘春高手仇英《列女传》所绘的形制。高罗佩也有同感，认为是一种样式略有不同的抹胸。② 不过他认为是在前面扣紧的，对此笔者有不同

---

① ［荷］高罗佩著，杨权译：《秘戏图考》，第186页，广州：广东人民出版社，1992年。
② ［荷］高罗佩著，杨权译：《秘戏图考》，第186页，广州：广东人民出版社，1992年。

图7-8 《金瓶梅》第85回插图（黄沐天设色）——纵情放达是明中叶的社会时尚，以内衣为争宠取胜的秘密武器在《金瓶梅》中得到空前的发挥。尽管说宋明理学对于人们思想有很多束缚，但是城市兴起，市民阶层崛起，市井文学流行，都给市井生活带来新的变化。内衣开放与社会潮流同步发展，并演绎出性感风情。

图 7-9 潘金莲之抹胸（黄强临摹，黄沐天设色）——《金瓶梅》中潘金莲尽管是悲情的结局，但是她从来不甘心寄人篱下，她施心计，撩风情，为的是摆脱命运的束缚。她的性格决定了行为，以身体为资本，以内衣为魅惑，在生活中战胜对手，达到自己的目的。绘图中潘金莲的抹胸，从形制上，或称捆身子更准确。

看法。笔者以为这种抹胸没有纽扣，也不用系带，从头部套下来放在胸乳部使用，有松紧的缘故，类似现在的紧身胸衣。

3. 抹胸的制作面料

抹胸的制作面料主要是质地轻薄的纱、绫之类。根据季节、气候的变化，分为夏季装与冬季装，即纱与棉质两种。《金瓶梅》以抹胸来覆盖胸部，保暖，显然是比较厚实的面料，也就是棉抹胸。

4. 主腰与抹胸有差别

与抹胸形制相仿，作用相近的内衣还有主腰。《金瓶梅》第 75 回记载：西门庆"又向床头取过她的抹胸儿，替她盖着胸膛。……又道：'这衬腰子，还是娘在时与我的'"。按小说中的说法，主腰还是抹胸，只是叫法不同。依笔者的分析，主腰与抹胸在形制上还是有差别的。同样是内衣不假，抹胸重在遮胸，主腰重在覆腰。抹胸长摆也遮盖了腰腹部，而主腰上延自然需要遮挡胸乳部。抹胸形制一般是菱形，在领、肩、腰部有系带，也有长条形，主腰则以长条形为主。

图 7-11 《金瓶梅》中之抹胸（黄沐天设色）——笔者以为小说中绘制的抹胸与出土抹胸实物比较，有差距。绘画中的抹胸紧凑，形制略小，实物抹胸似宽松些。

三、宽松形内衣衫子

抹胸、主腰都属于紧身型内衣，宽松型内衣主要是衫子与扣身衫子、罗衫。衫是指衣服宽松，没有袖端，穿着方便的一种服饰。五代马缟《中华古今注》云："衫子，自黄帝垂衣裳，而女人有尊一之义，故衣裳相连。始皇元年，诏宫人及近侍宫人皆服衫子，亦曰半衣，盖取便于侍奉。"[1]

1. 衫子的普遍采用

衫在明代妇女服饰中极为普遍，当时的衫大体比袍短，或到腰下，或至膝下。其形式有对襟、交衽两种，其穿着习惯有作内衣的，有束于裙里的，有作外衣穿的。我国古代妇女服装，自宋以降受程朱理学思想的影响，基本上把身体遮拦得严严实实，忌讳展露身体曲线，甚至在夫妻生活中，也反对亵衣的直露。在社会的思维定式中，"存天理，去人欲"思想牢牢地禁锢着

---

[1] ［五代］马缟，李成甲校点：《中华古今注》，第22页，辽宁教育出版社，沈阳，1998年。

图7-12 明代花罗短襦（摘自《中国衣冠服饰大辞典》）——短襦就是短衫。内衣的面料不用丝绸、绢、罗、纱、布等，单衣用纱较多，有香云纱；夹衣用绢、罗较多。

人们的观念。衫子因为贴身、紧身，显露身体曲线，因此，衫子被划归为内衣的一种，属于居家、室内衣、闺房所穿的隐秘服饰。

反映明代社会市民文化的市井小说，在记录时尚潮流、社会趣味时，也客观地记录了明代衫子。《警世通言·蒋淑真刎颈鸳鸯会》有如此叙述：

> 这女儿心性有些蹊跷，描眉画眼，傅粉施朱。梳个纵鬓头儿，着件叩身衫子，做张做势，乔模乔样。

这里的即叩身衫子与《金瓶梅》中潘金莲的紧身衫子是一个意思，贴身穿着，附和身体，展示身体曲线的内衣。着这样的衫子性感毕露，显露风情。以当时的审美来说固然美，但却不是很正经的行为，也可以说是女子轻佻行为的表现。

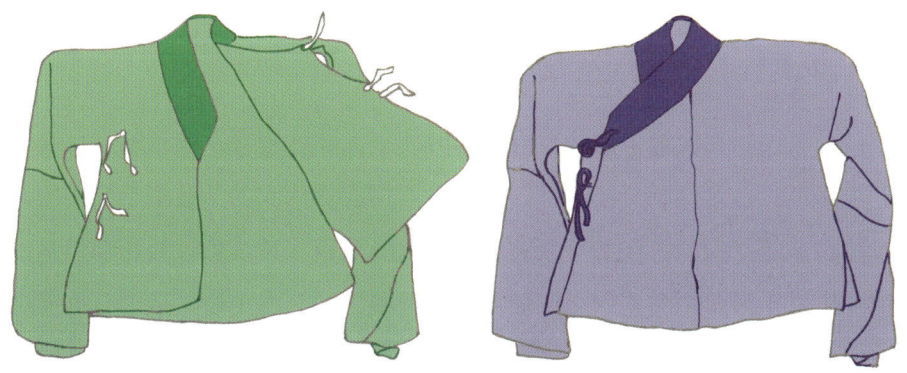

图7-13、图7-14 明代大襟绸短襦之一、之二（摘自《中国服饰名物考》，黄沐天设色）——江苏镇江明墓出土。襦是短衣，贴身而穿，从形制上分析，短襦是单层衣。

春袖衫子显然指外套的褂子,小衫才是贴身的内衣。锦绣也好,春袖也罢,强调的是衫子的款式。在明人风情画中有《春睡起·陌上柳乡》的题画诗,说及衫子。

> 云收巫峡中,雨过香闺里。无限娇痴若个知?浑宜初浴温泉渚,漫结绣裙儿。　　似嗔人唤起,轻盈倦体不胜衣。杏子单衫懒自提。春山低翠悄窥郎,朦胧犹自忆佳期。①

题诗表述的是单衫遮体为内衣的状况。"杏子单衫"指杏黄色的单薄衫子。大致扣身衫子、罗衫的形式,是轻薄面料,贴着女子肉体的贴身小褂,类似于现在的贴身汗衫,不同的是样式不是套头衫,而是对襟或交襟。

根据面料的不同,尚有白夏布衫儿、洗白衫子,还有特殊的珍珠衫等。

图 7-16　明代镶边夹衫(摘自《中国服饰名物考》)——夹衫就是有衬里的衫子,单衫是单层衫子,其功能都是一样的,不过可以分为春夏装与秋冬装。

2. 特殊内衣珍珠衫

《喻世明言·蒋兴哥重会珍珠衫》有一段珍珠衫的传奇故事:

> "这件衫儿,是蒋门祖传之物。暑天若穿了它,清凉透骨,此去天道渐热,正用得着。奴家把与你做个纪念,穿了此衫,就如奴家贴体

---

① [荷]高罗佩著,杨权译:《秘戏图考》,第195—196页,广州:广东人民出版社,1992年。

一般。"陈大郎哭得出声不得,软做一堆。妇人就把衫儿亲手与汉子穿下,……却说陈大郎有了这珍珠衫儿,每日贴体穿着,便夜间脱下,也放在被窝中同睡。

一件珍珠衫的内衣演绎出一段情意绵绵的故事,不仅是社会思潮、审美在市民生活中的折射,也是经济生活影响爱情的写照。

在不用抹胸、肚兜之时,明代女性也贴身穿衫,衫子就是内衣,贴身穿的衫子有短襦、紧身衫子,也有宽大形制的衫子。我们从明代春宫画《春睡起》就能看出明人的生活情态。图中的女子就没穿抹胸,所穿的衫子也是宽大形的,在衫子里面也可以穿抹胸。

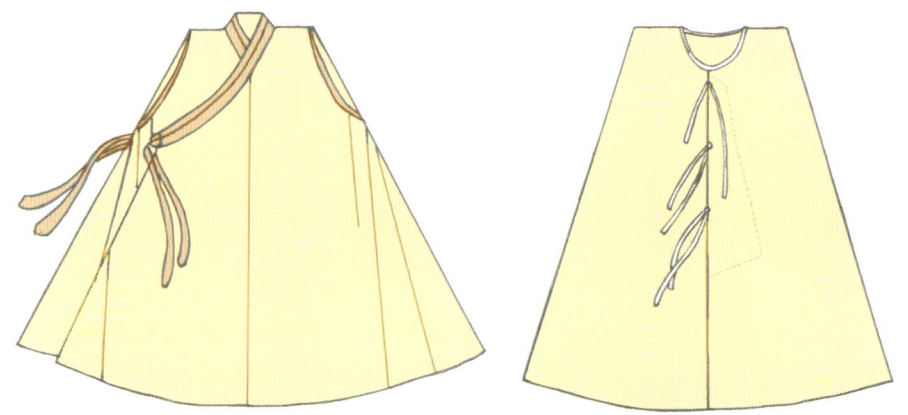

图7-17、图7-18　明代大对襟交领背心之一、之二(摘自《中国服饰名物考》,黄沐天设色)——北京明定陵出土,明万历皇帝御用之物,以绸、缎、绫、绢为面料,穿着时以带系结。

图7-19　明代圆领大袖衫(摘自《中国历代服饰》)——虽然明代补服是圆领,圆领衫则是单衫,内衣。

四、明代其他内衣

明代女子下裳中的内衣可以归纳为小衣、下衣、里衣、罗裙、单裙、褶裙、纱裤等。

1. 小衣面面观

在论及明代内衣之下裳内裤，最主要的就是小衣。《警世通言·况太守断死孩儿》就提及小衣，却说邵氏为情所动，"遂不叫秀姑跟随，自己持灯来照。径到得贵床前，……自解去小衣，爬上床去"。从描写中我们可以推断所谓小衣，其实就是贴身穿的裤衩。不过从形制上分析不是通常穿的平角裤头，即民间常说的大裤衩子，既然名为"小"，应该是比较紧身的，形制比较小的，才合乎名称，因此笔者推断是三角状的裤衩，类似现在的三角裤。对此说法，有人提出异议，认为现在湖南人还把"裤子"称为小衣，不管外裤、内裤，主要指长裤。在明清艳情小说中，对小衣并没有明确一定是内裤、外裤，但是根据小

图7-20 明代女裙样式（摘自《中国历代妇女妆饰》）——明代的女裙是非常丰富的，但是传世的实物并不多。出土于古墓的丝织品遇到空气，迅速氧化，原有色彩很快消失，因此我们无法看出丝织品的惊艳之美。非地下出土的服饰保存得当，数百年后还能光亮如新。

图7-21 定陵出土的黄素绫丝绵裤（北京定陵博物馆藏）——明万历皇帝所穿，上身黄色内衣，下身黄色素绫面料，衬以丝绵。

说情节的发展，上下文的联系，小衣指内裤更贴切些。湖南人将小衣泛指裤子，自然包括外裤、内裤，并不影响笔者推论明清艳情小说中的"小衣"可能专指内裤的说法。

小衣是内裤，自然是贴身穿。北方妇女睡炕，有不穿内衣的习惯，对于南方妇女来说，没有炕，自然是要穿着贴身衣服睡觉的。《醒世恒言·乔太守乱点鸳鸯谱》中玉郎"伸手便去摸她（慧娘）身上，腻滑如酥，下体却也穿着小衣"。两人上床睡觉，慧娘上身已经裸露，下身还穿着小衣，这个小衣肯定是内裤、短裤，而不会是外裤或长裤。

小衣也称下衣、底衣。下衣其实就是小衣，是下面小衣的简称。为何称内衣为小衣？笔者推测因其贴身、紧身，形状上小于一般的宽敞式的平脚内裤。按照现代内衣的分类，小衣应是三角裤衩。底衣功能类似今天的内裤，样式是一种平底的内裤。

内裤贴身而穿，形制较小，故称小衣；又是穿在下体，护裆，也称下衣。那么内裤自然要穿在外衣里面，也可称里衣。笔者以为里衣的概念有两层，一是统称，凡是内衣，都可以称里衣；二是专指，指形制比较小、紧身的，类似裤衩、抹胸的内衣。《绣榻野史》有云："麻氏就脱了里衣，赤条条向床里边去睡了。"脱了里衣，就变成了赤条条的，显然是贴身而穿的亵衣，如果不是裤衩、抹胸，又是什么？

图7-22 明代开裆单裤（摘自《中国衣冠服饰大辞典》）——开裆裤就是无裆裤，在明代服饰中，依然保持着无裆裤的形制，笔者在考证《金瓶梅》服饰时，曾指出书中人物有穿无裆裤的习俗。这件开裆单裤实物的出土，证明了笔者考察的正确。

明人宽大服饰之内并不都是穿小衣，也有直接穿裤子的。男人穿又宽又大的裤子，"通过拉紧宽松的上围和卷起折缝间留出的衬头而把之收束在腰部"。女人也与男人一样，穿又长又大的裤子。裤子无裆，从一根腰带上悬下，"这种裤子是女人的贴身亵衣"①。

2. 裙子无衬里

有裆的是裤子，敞口的无裆，无裤管就是裙子。明代裙子与后世裙子如同外裤不同，常常是贴身而穿，无衬里，等同于内衣。《空空幻》第3回有云："不由兴浓，未及温存，扯下那女子罗裙就乱摸。"罗裙扯下就可亵玩，显然罗裙里面无衬（衬裤），是作为内衣穿戴的。罗裙与女子外穿的裙子有区别，它是内穿的，衬里的，贴身穿戴，笔者推断是类似现在裙子里面的一层衬裙。

有些艳情小说，说到裙子，没有强调是罗裙，尽管从字面上看不出是不是内衣，但是从文中情节的发展，上下文的衔接和描写分析，应该是罗裙这样的衬裙。请看《巫山艳史》第8回的记录，"身穿玉色罗衫，映出雪白肌肤，下系水红纱裙，手执鹅毛扇，斜掩腹上，一手做了枕头，托着香腮，百倍风韵。一双三寸金莲，搁在榻靠上，穿着大红高底鞋儿，十分可爱。卸下一幅裙子，露出红纱裤儿"。明代女子在裙子里还有裤子贴身穿着，这"红纱裤儿"当是内裤，由于有裤脚，其形制类似现在的裙裤、短裤筒。《欢喜冤家》里就有这样的说法，"香姐说：待我自解，去了裙裤"。裙裤可以理解为两种：裙裤、裙子与裤。

从明代艳情小说中我们还可以看出，明代女性一般在衬裙里面还穿紧身内裤，但是有的裙子属于贴身而穿，就不再穿内裤，这种裙子就等同于内裤，或者说明代某些地方有这样的习俗，女子裙子里面不穿裤衩。

《八段锦》第4回有云："羞月正在便桶小解，见乌云走来，忙把裙儿，将粉白的屁股遮好。"《欢喜冤家》第3回中也正好有两段描写，反映了这样的情况。月仙"取了纱裙系了，上身穿件小小短衫……悄悄上床，跨在必

---

① ［荷］高罗佩著，杨权译：《秘戏图考》，第185页，广州：广东人民出版社，1992年。

图 7-23 明代春宫画之《唤庄生》(摘自《秘戏图考》)——《风流绝畅》春宫套色版画册,出版于 1606 年,原版木刻。女子穿背子,男子穿大衫,似无情色,其实表现的是巫山云雨的内容。

英身上，扯开裙子，两手托在席上"。《欢喜冤家》第3回李月仙裙子里面不穿衬裤，仅仅在上身着了一件短衫。当然这种服饰习俗也可解释为发生在夏天，气温比较高的时候，明代女子裙子里面不穿内裤是常事。在下一段故事中，袁元娘的裙子中就穿了内裤。"他便携起上边衣服，去解他裙带。把手衬起了腰，扯下来，露出大红裤子。……把裙裤放在熏笼里，自己除了巾，脱了衣。"《欢喜冤家》第5回李月仙穿的是纱裙，袁元娘穿的是裙裤，也就说裙裤是需要穿内裤的，而内裙（根据其功能，笔者称之为"内裙"，裙裤可以称之为衬裙）就相当于裤衩的功能，是不需要再穿内裤的。

罗裙是以罗为面料制作的裙子，质地薄透。但是不衬衬裙，裙子里面不着内裤，并不是受裙子质地影响，而是习俗民风。《怡情阵》第3回，李氏与井泉发生性关系后，两人还嫌不够，约好明天鸳梦重战，李氏道："心肝，若不信，我把这条裤子留下与你作当头，只待我穿了单裙进去罢。"李氏以单裙作为贴身的内衣穿着。单裙其实就是质地较薄，裙内不再穿其他小衣、内裤的衬裙。

裙子可以作为内衣，裤子就更是内衣了。我们不难看出缎裤也是女子贴身穿戴的，说通俗点就是内裤，其质料以缎为之。根据质料分析，用缎料制成的内裤应该是宽松，便于透气，因此，缎裤其实就是平角裤衩。

3. 下裳质地不同，功能却一致

明代的下裳内裤质地可以不同，功能却是一致的。除了缎裤，更多的内裤采用吸汗、透气、轻薄的纱制作。明代女子的裙子、内裤都靠布带系住，不至于滑落。

《金瓶梅》中也提及纱裤，看来纱裤是一种形制，而不仅仅是因为质地以纱为之。因为以纱为之，有的描写说是亮纱，所谓亮纱应该是质地轻薄的纱，以此推断纱裤就是形制贴身，质地薄、透的内裤。唐人以轻纱、轻罗制成服装，讲究薄、透、漏。现代女子内衣更是倡导"薄、透、瘦、漏"，以露为卖点，但是从明人的内衣看，"薄、透"早已有之，并非现代人才懂得内衣露点之性感元素。

图 7-24 《金瓶梅》中潘金莲的裤子（黄沐天设色）——图像表现的潘氏偷情被捉，确有狼狈之态，慌忙之中披上衫子、背子夺门而逃，裤子从裤腿上滑落。笔者以为明中叶女性有不穿内裤之习俗，此图即为明证。

4. 裤腰、裙裥儿等内衣

除此以外,明代内衣还有裤腰、裙裥儿。潘金莲与陈经济第一次勾搭成奸,"陈经济慌不迭地替金莲撤下裤腰来,划的一声,却扯下一个裙裥儿"。(第53回)裙裥儿是贴身穿的内裤,类似今天的衬裙或衬裤。

在《金瓶梅》中多次出现"薄纩短襦"这个组合的词汇,纩的含义是丝绵,襦的含义是短裤、短衫。实际是泛指扣身衫子、罗衫、小衣、底衣等贴身的内衣。"撒去浴盆,止着薄纩短襦"。(第29回)

明代妇女下裳穿裙的多,穿裤的少。裙子颜色,初尚浅淡。裤子中主要有裈裤。笔者以为,裈裤应该是长一点的内裤,类似现在的衬裤。明代妇女的裤子类型,仍然有无裆裤的存在,在前面的叙述中已经说明。

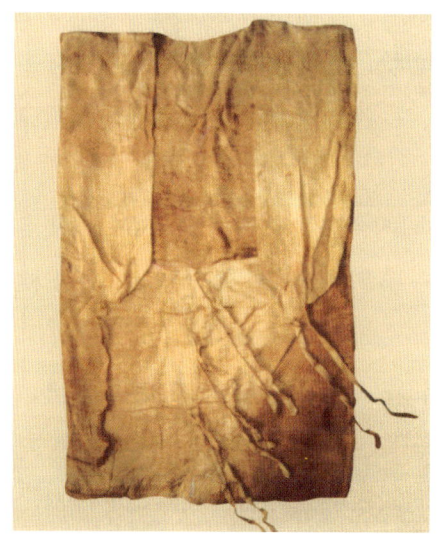

图7-25 明代圆领素绸主腰(泰州博物馆藏)——主腰之意,捆扎腰部,形制与抹胸相似,服务对象不同。主腰较抹胸尺寸宽、大,覆盖保护的面积较大。

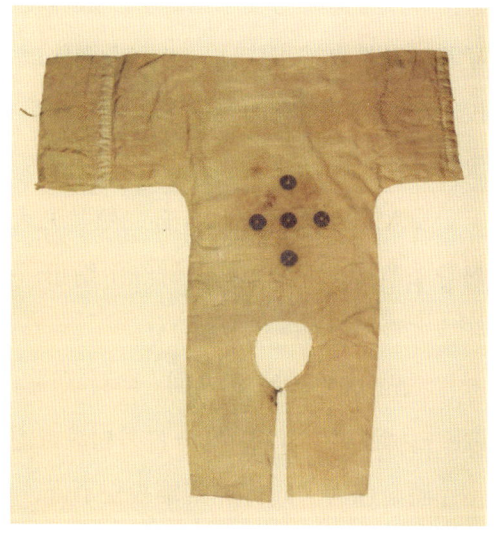

图7-26 明代背心式主腰(摘自《云缕心衣》)——背心式主腰覆盖胸部与腰腹部,在腰腹部有宽幅布条遮掩、保护。

五、明代内衣穿着习惯和习俗

明中叶以降,社会风气不以纵谈房讳之事为耻,反以为荣,社会风气日下,奢侈放荡的风气浸入社会每一个角落，纵情酒色成为时尚的潮流，时代的风尚。服饰自然体现出奢华、暴露、情色的风格。北方由于烧炕等生活习惯，在某些场合下，如在寝室等处，有不穿内衣的习惯。南方则倾向于穿暴露的内衣，纵情放达。

从《金瓶梅》中，我们领略到由服饰反映的社会生活，市井百态。书中对僭越服饰的描写，对内衣情感、性感的宣泄，自然不能一概斥之为暴露、色情。样式与风格的产生固然受到时代、思想的影响，又有迎合社会风尚的一面，同时符合展示服饰进化、演变轨迹，表现服饰美化、叙述情感的另一面。

1. 明代女性已意识到内衣的性魅力

明代妇女更为大胆的装束，是将贴身的内衣外穿。当时贴身内衣有一种叫主腰，分简易与复杂两种。一般做得比较短小，简单的仅仅是一方布帛，穿着时以带束缚于胸间；考究者则作成背心状，有的还有衣对襟，并钉有多枚纽扣。由于当时的衫子多采用对襟形式，一些妩媚女子，特意将外衣领口敞开，使主腰外露。[①]

《水浒传》第27回，孙二娘"见武松同两个公人来到门前，那妇人便走起身来迎接。下面系一条鲜红生绢裙，搽一脸胭脂铅粉，敞开胸脯，露出桃红纱主腰，上面一色金纽"。

《醒世姻缘传》第9回："计氏洗了浴，……下面穿了新做的银红绵裤，两腰白绣绫裙，着肉穿了一件月白绫机主腰。"

潘金莲为了向打虎英雄武松示爱，以向武松敬酒为名，表露她的仰慕之情。潘金莲身着暴露的内衣，施展她优美的身材，风情的魅力，希望以此吸引武二郎的垂青，"那夫人一径将酥胸微露，云鬟半軃（duǒ，下垂），脸上堆下笑"。（《金瓶梅》第1回）潘金莲这时穿的服饰显然属于室内穿的亵衣。为什么潘金莲要这样做？无非认为这种暴露的内衣可以展现她女性的身体曲线和凝聚在她身体上的性感之美。由此看来，在《金瓶梅》反映的明

[①] 缪云良主编：《中国衣经》，第82页，上海：上海文化出版社，2004年。

图7-28 明代五彩绣盘龙纹红绸缎主腰（摘自《云缕心衣》页19）——圆筒形，遮盖腰腹部。也有人认为主腰遮掩胸乳部，上部有一系带，套于颈部。如果用于胸乳部那该称主胸或抹胸。肚兜与抹胸虽然都有遮掩胸乳的作用，然而还是有侧重的，抹胸在胸，肚兜在于肚腹与胸乳。

图7-29 明晚期黄绮折枝花卉女单衣（摘自《中国织绣收藏鉴赏全集》）——右衽斜襟交领，身长96厘米，两袖通长196厘米。平纹地暗花绮，绣折枝花卉。

中叶这段历史中，开放的社会风尚已经使具有开放意识的妇女意识到服饰之美，不仅在于外表的秀美，而且可以传递情感、性感的内容。换言之，服饰表述着性爱的信息。潘金莲就是这样社会风气的一个实践者，尝试人之一，她以袒露的服饰表现出对性爱的追求。

应该说，明中叶明武宗朱厚照的正德朝是明代服饰最为松弛的时代，服饰禁忌不严格，僭越现象非常严重，[1] 明武宗是这样的一个提倡者，他的荒唐、荒淫，使社会充斥淫风风气，[2] 性爱在这一时期是被世人推崇的。因此在服饰上也表现出这样的社会潮流。至明代，"吴中妇人，尚有穿大脚开裆裤

---

[1] 黄强：《从服饰看金瓶梅反映的时代背景》，刊《江苏教育学院学报》1993年第2期。转刊于《复印报刊资料：中国古代近代文学研究》1993年第11期。

[2] 黄强：《明武宗未必最荒淫》，刊中国台湾《国文天地》第15卷第1期。

者。独浦城妇人皆不穿裤，此尤淫风薄俗。而广西土官妇女亦不着裤，乃着裙五六层，后曳地四五尺，此又蛮夷之习也"。明代田艺蘅所谓"此尤淫风薄俗"，可谓一语中的。①

不过不同性情、修养的人，对服饰表现出的美感与性信息评价不一。正人君子的武松对潘金莲风情万种的表现不仅毫不领情，反而视为放纵，潘金莲因此遭到武二郎的冷遇。同样以身体为展示点，以暴露的内衣展示性感风情，潘金莲这一招对西门庆就有很大的诱惑性。见到潘金莲的美貌，西门庆垂涎三尺，通过他的想象，把潘金莲从外到内"扫描透视"了一番。

潘金莲的为人、性格如何，我们姑且不论，仅从内衣的穿着上，就可以看出潘金莲是明代社会一个懂得服饰美学的女性。她知道内衣可以传递性感的信息，同样具有性的魅力和诱惑力，按照今天时髦的话讲是性感风情的展现。因此，她常常以内衣作为吸引男人的辅助手段，或者说杀伤武器吧，往往身体力行，穿着开放、裸露的内衣，如薄纱短襦，使看到她的男子产生性的想象，为她所迷惑，从而达到她以自身的美貌、魅力吸引男子，为男人所宠幸的目的。

为了等西门庆到来，潘金莲"身上只着薄纱短衫，坐在小机上，盼不见西门庆来到，嘴谷里都的骂了几句负心贼。无情无绪，闷闷不语，用纤手向脚上脱下两只红绣鞋儿来，试打了一个相思卦"。（第8回）

2. 明代内衣穿着的开放

潘金莲能够如此的开放，居家穿暴露的内衣，甚至不穿内衣，一方面表明了北方的一种习俗，同时也说明明中叶社会风气确实开放。潘金莲穿春光尽泄的内衣，甚至不穿内衣，袒然肉迎西门庆，无非为了讨得情郎的欢喜，在爱欲的搏杀中增加自己的筹码。作为文学"这一个"典型，她代表着明代开放女性的形象，她的所作所为，是社会风尚所允许、倡导的行为。

"却说西门庆在房里，把眼看那妇人，云鬟半軃，酥胸微露，粉面上显出红白来，一径把壶来斟酒，劝那妇人酒。一回推害热，脱了身上绿纱褶子。"（第4回）

---

① ［明］田艺蘅撰，朱碧莲点校：《留青日札》，第421页，上海：上海古籍出版社，1992年。

图 7-30 明代版画《人镜阳秋》中的抹胸——版画表现的是明代服饰开放的一面,在背子、比甲之下,直接系上抹胸,而且宽衣解带比较随意。这样的场景用来反映明中叶纲崩乐坏、世风日下的状况比较贴切。

话说西门庆扶妇人（指潘金莲）到房中"脱去上下衣裳，着薄纩短褥，赤着身体，妇人上着红抹胸儿。两个并肩叠股而坐，重斟杯酌，复饮香醪。西门庆一手搂着他粉颈，一递一口和他吃酒，极尽温存之态。睨视妇人云鬟斜軃，酥胸半露，娇眼乜斜，犹如沉醉杨妃一般"。（第28回）

出水芙蓉的身姿，妩媚动人的媚态，潘金莲借助内衣的开放、裸露所具有的诱惑性，以及综合于身体具有的迷惑性，使她在与对手的搏斗中一次又一次地占据上风，处于不败的地位。可以说，内衣运用得当，对由此产生的效果及所达到的目的，功不可没。

现代研究表明，内衣确实具有传递性信息、增加男女性爱乐趣的功能。而从小说的描写中，我们看到明代（尤其是明中叶）妇女已经意识到内衣的性感魅力，内衣的功能得以扩展。

3. 内衣穿戴习俗与时代的放荡风气

明中叶社会风气放荡，服饰制度紊乱，北方民风有不着内衣之习惯。"那时正值三伏天，十分炎热。妇人在房中害热，分付迎儿热下水，伺候澡盆，要洗澡。……身上只着薄纩短衫，坐在小杌上"，（第8回）因为等西门庆不来，潘金莲睡了一个时辰，醒来发现蒸的肉馅角儿少了一个，就将迎儿痛打一顿。书中第8回有这样的一段交代，"打了一回，穿上小衣。放起她来，吩咐在旁打扇"，从这个交代中我们不难看出，潘金莲在家里等西门庆时没有穿内裤。

不穿内衣，固然与地处北方，夏季炎热有关，更主要的原因是明代中叶社会风气的放荡。北方女子敢于不穿内裤、不戴抹胸，卖弄风骚，演绎性感风情；南方女子就穿暴露装，袒胸露乳，招摇过市，制造情色风暴。

不仅潘金莲有不穿内衣的习惯，《金瓶梅》中的其他女性也有这样的做法。李瓶儿与西门庆勾搭成奸后，气死了花子虚，因为两个丫鬟迎春、绣春已经让西门庆玩耍了，李瓶儿做事也不避讳两个丫鬟。"又在床上紫锦帐里，妇人露着粉般身子，西门庆香肩相并，玉体厮挨。两个看牌，拿大钟饮酒。"（第

16回）冬令的 11 月，北方下着大雪，是气温非常冷的时候，在这样的寒冷季节，李瓶儿仍然不穿内衣，脱得精赤赤睡觉，"掀开被，见他一身白肉，那李瓶儿连忙穿衣不迭"。（第 21 回）南方人即使炎热的夏天，在闺房，女性仍然要着小衣睡觉，绝对不会一丝不挂。北方烧炕，固然会如此，更主要的还有社会淫风淫俗的风尚。

宋惠莲也有这样的经历，她为几件衣服，就牺牲色相，与西门庆在藏春坞山洞交欢，"老婆听见有人来，连忙系上裙子往外走。看见金莲，把脸通红了"。（第 22 回）

如此看来，不穿内裤、内衣似有一种传染性，不仅仅为了凉快，而是为了放纵情欲的需要，是社会引以豪的时尚之举。

六、明代内衣的特点

笔者曾经说过，"综观明代历史，明武宗正德年间是明中叶服饰制度最为混淆的年代，……明代士庶服饰不能维持，是从正德年间开始的"[①]。服饰禁忌在正德年间变得松弛，社会风气如此，以致有了潘氏可穿着薄纱短衫、抹胸儿亮相登场，吸引情郎，更能与西门庆将闺房秘事搬到葡萄架下翻云成雨，演出一幅纵情放荡的活春宫。[②]

明代中叶妇女服饰随朝代、社会风气而变化。《太康县志》载："弘治间妇女衣衫仅掩裙腰，正德间衣衫渐大，髻渐高。"正德前妇女衣式尚窄，而后行长衣而大袖，上衣与下裙长短随时变易。[③]这并不是任意为之的，而是与统治者的提倡，社会的奢靡之风密切相关的。《金瓶梅》中的服饰就表现出这样的时代特点，衣式尚宽与衫子直露并不矛盾，一是外衣，一是内衣，

[①] 黄强：《从服饰看金瓶梅反映的时代背景》，刊《江苏教育学院学报》1993 年第 2 期。转刊于《复印报刊资料：中国古代近代文学研究》1993 年第 11 期。
[②] 黄强：《论金瓶梅对明武宗的影射》，刊《江苏教育学院学报》1995 年第 3 期。转刊于《复印报刊资料：中国古代近代文学研究》1995 年第 12 期。
[③] 周锡保：《中国古代服饰史》，第 416 页，北京：中国戏剧出版社，1986 年。

外衣有意为之，用现代词说叫欲盖弥彰，为的是引起他人视觉的注意。

从《金瓶梅》中妇女的内衣，我们可以看出明中叶社会风气的开放程度。同时也说明宋元以降，妇女服饰不只是保守的风格，在特定的时期也有开放的另类服饰。此外，对于内衣的性感意识，并不是现代人才懂得的，几百年前，我国的妇女已经运用得非常巧妙了。

通过前文的归纳，可以大致了解明代女子内衣的种类与款式，甚至也有质地的记录。综合起来，笔者认为明代内衣有四个特点。

其一，明代女子内衣以紧身、合身为主，小衣、里衣、扣身衫子，旨在展示身体曲线的婀娜。

其二，明代外衣宽松，威严，讲究等级，内衣，尤其是女性内衣，以"薄、透"为美，如薄纩短襦，强调朦胧之美，性感风情，所谓闺房秘事，尽得风流。不受礼教的约束，从中也可见人性的解放，性欲的放纵。

其三，内衣倾向于鲜艳的色彩，闺房之乐，尽情放纵，开放、风流的女性对内衣色彩的选择，倾向于明亮、艳丽之色，尤以红色备受青睐，如桃红亮纱裤、大红裤子。

其四，一般内衣价值平平，但也有价格不菲的内衣。像珍珠衫，说明某些明人对内衣还是情有独钟的，内衣在明人的眼里也有讲究享受的一面。

七、简短的结论

因为内衣是亵衣，在封建思想统摄下，难登大雅之堂，不仅正统的《舆服志》中没有记录的，正人君子的文献中也很难一见。因为思想观念的收敛，在内衣形制上，明代内衣不如隋唐风格开放，在面料上，虽有轻薄，但是已经淡化了轻纱遮体的朦胧感。主要是以严严实实的遮挡来掩饰身体，不倡导直露。在明中叶因为礼崩乐坏，纲常紊乱，确实出现了淡化服饰等级、乱穿衣的状况。但是内衣的展示仍然与隋唐不同，它是以赤裸来直接表露躯体，而不倾向于朦胧，潘金莲的表现就是很好的注脚。

城市的崛起，市民阶层的出现，世俗化的生活，与上层社会的正统、保守观念，在内衣的表现上有所不同，民间对于内衣并不排斥，甚至有所表现，因此《舆服志》等正史中不见的内衣，在世情小说及其插图中却有较多的记录，也因此保留了这方面的资料。

第八章
金丝蹙雾红衫薄——清代的内衣

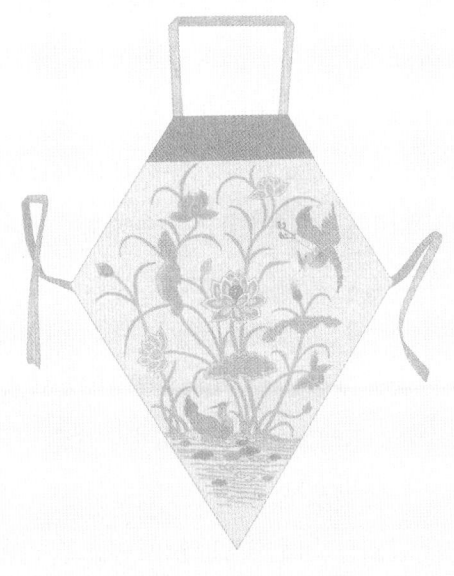

到了清代,服饰更趋保守,内衣封闭性增强。清代内衣主要在样式创新,以及女性对内衣利用与把握,因此清代的内衣上图案相对丰富,以此寄托寓意,表述情感。

一、清代历史及其服饰特点

清代满族祖先世居于东北黑龙江以东,原江东六十四屯东南的布库里山(长白山)一带。后来逐渐向南迁移,其多个部落分别居住在抚顺以东直至鸭绿江边,开原东北至松花江流域。明万历十一年(1583)努尔哈赤起兵开始统一女真各部落。明万历四十四年(后金天命元年,1616),努尔哈赤在赫图阿拉(今辽宁新宾)称汗,建国号"大金"。[①] 后金天聪十年(1636)皇太极在盛京称帝,改国号为"清"。

清代入关后,在顺治二年(1645),颁布剃发令,严令汉族臣民依照满族的制度剃发留辫。对于拒绝按满人制度剃发,继续留明代发式者,"杀而悬其头于担之竿上",因此有"留头不留发,留发不留头"之语。

在服饰制度上,坚守旧制,不轻易改变。清代官服以补子、冠上顶子、花翎来分别职官品级等差。清代冠帽分为暖帽与凉帽两种,冬天戴暖帽,夏天戴凉帽。以马蹄袖、披肩领为特异之处,并有别于汉族服饰。帝王服饰分为礼服、吉服、常服、行服、雨服、戎服和便服七大类。皇后服饰分为礼服、吉服、常服和便服四大类。[②]

官员日常居家,以及没有官员身份的一般男子着便服,典型的是长衣、马褂。马褂穿着长衣袍衫之外,较外褂为短,长仅及于脐,康熙雍正时穿着人日益增多。[③] 马褂其实还是高中产阶层的便服,底层百姓穿不起。

清代妇女服饰分为汉族服饰、满族服饰两类。

满族妇女穿不分上衣下裳的长袍。袍身宽大,装饰烦琐,下摆长至掩足。到清后期,满族贵族女子袍服演变为旗装(又称旗袍,与民国改良后的旗袍同名而不同款)。头上梳理高发髻的两把头、奁拉翅,脚蹬高至四五寸的花盆底鞋。

---

① 中国大百科全书编委会:《中国大百科全书·中国历史》,第804—805页,北京:中国大百科全书出版社,1992年。
② 严勇、房宏俊、殷安妮主编:《清宫服饰图典》,第1页,北京:故宫出版社,2010年。
③ 周锡保:《中国古代服饰史》,第465页,北京:中国戏剧出版社,1986年。

图 8-1　戴凉帽穿补服的清代文官——补服是明清时期官员的官服,胸前背后绣有禽兽图案的补子,文官绣禽,武官绣兽。不同品秩官员的补子图案不同。明代与清代官员补子、补服略有差别。与补服配套的明代是乌纱帽,清代顶戴花翎(分暖帽与凉帽),顶戴有级别等差,花翎也分单眼、双眼、三眼。

图 8-2 清代穿宽袖背子的贵夫人（摘自《中国历代妇女妆饰》）——清代宫廷画师制《胤禛妃行乐图屏》局部。又名《雍亲王题书堂深居图屏》，共 12 幅，每幅均为纵 184 厘米 × 横 98 厘米。绘制的人物为雍正皇帝欣赏的妃子，具体妃子是哪位并没有明确，或者只是表达一种人物的审美。画中女子所穿宽袖背子，佩戴的头饰、手镯等体现了宫中最为流行的款式，精美、精湛。

汉族妇女则沿袭明代形制，上身着衫、袄，下身束裙，或加上一件较长的背心，后期流行下身不束裙子而只着裤子。衣裳边缘镶绲，非常烦琐，多至十几道，有"十八镶"之说。长背心主要在秋凉时候套在衣裳外面，掩盖胸腹部至膝部。

图 8-3　清代低领阔镶边长袄（摘自《中国历代服饰》）——这是清代汉族女性的流行服饰，袄有长短，大小。小袄就是内衣。

二、清代内衣概况

明清社会趋于保守，虽然在明中叶时期出现礼崩乐坏风气放纵的状况，但就整个社会而言，依然是遵循着"存天理，去人欲"的理学思想。到了清代，服饰更趋保守，内衣封闭性增强。

1. 清代内衣远不如明代开放

清代内衣品种并不多，主要有衬衣、小衣、小袄、马甲、背心、肚兜、抹胸等。然而在穿着上远不如明代开放、放纵。

清代服饰到了嘉庆年间，衣饰讲究镶绲，袖口也逐渐放大，上衣比较短，大致在膝下，有的罩以长背心。下身不束裙子，往往束以绸带而垂于左侧，露出衣下尺许。到了光绪宣统年间，衣袖变得细小且短，常露出里面的衬衣。

《绘芳录》第3回记述了秦淮名妓二珠的装束："佰青见慧珠穿了件三镶藕色珍珠皮外褂，内着葱绿色小毛衬衫，系条淡红百褶银老鼠裙，微露绿绫，窄窄弓鞋……再见洛珠穿件桃红嵌云小毛外褂，内着素绫衬衫，下系松绿百摺银老鼠裙，白绢高底鞋儿。"背心在这一时期主要罩于衣服之外，属于外套，而不是后来概念的贴身内衣。清代有长背心与短背心两种，长背心属于外衣，短背心，贴身穿着，属于内衣范畴。

马甲也分内外，长款穿在外面，短款或称小马甲贴身而穿。对于马甲的释义，即一种穿在里面极短的内衣。清末上海浦东一带，陕西潼关附近的老年女性，夏天往往只着短小的马甲。①

图8-4 清代蓝色暗花缎大镶边琵琶襟坎肩（摘自《图说清代女子服饰》）——坎肩可外穿，可内穿。内穿如同小马甲，兼有束胸功能。清代贵族女子的坎肩与马甲做工考究，绣有边饰、纹样。外穿的坎肩用锦，用缎。贴身穿的坎肩，虽然用锦缎，内衬丝绵，穿着还是很舒适的。

小袄，即贴身上衣，犹如衬衣。《红楼梦》中就有葱绿院绸小袄、红绫小袄子、大红棉纱小袄子、大红小袄等。"（晴雯）又回手挣扎着，连揪带脱，在被窝内，将贴身穿着的一件旧红绫小袄子儿脱下，递给宝玉。"（第77回）内衣也有无形的形制，"宝钗原生的肌肤丰泽，容易褪不下来，宝玉在傍边看着雪白的胳臂，不觉动了羡慕之心"。（第28回）内衣的显露让人有了非分之想。看来保守的理学思想禁锢人们的欲念，但是面对内衣、肌肤的诱惑，受过传统教育的官宦人家公子还是动了凡心。"饮食男女，人之大欲"，压抑的欲望如同野兽，随时会奔腾而出。

---

① 周锡保：《中国古代服饰史》，第487页，北京：中国戏剧出版社，1986年。

2. 清代艳丽的抹胸

除贴身而穿的衬衣、小袄,清代的内衣主要有抹胸、肚兜、小衣。清代徐珂《清稗类钞·服饰》云:"抹胸,胸间小衣也,一名抹腹,又名抹肚。以方尺之布为之,紧束前胸,以防风之内侵者。俗谓之肚兜。"①

清代的抹胸,一般作菱形,上有带,使用时套在颈项,系带并不局限于绳带,富贵人家多用金链,中等人家用铜银,小家碧玉多用红色丝绳。

图8-5 清代肚兜(周汛绘)——鲜艳的色彩,精巧的工艺,肚兜凝聚了古人智慧,性感欲望,玲珑展现。

抹胸的形制与前代的相差无几,只是在装饰上更加艳丽。《红楼梦》第65回有这样的描写:"这三姐索性卸了妆饰,脱了大衣服,松松的挽个纂儿;身上穿着大红袄儿,半掩半开,故意露出葱绿抹胸,一痕雪脯;底下绿裤红鞋,鲜艳夺目。"大红小袄,一露雪痕,显露出抹胸的形制,色彩靓丽,光鲜炫目,而且非常的性感。我们了解,民间的抹胸一般以红色为主,但是从《红楼梦》我们知道,还有葱绿色的。而民间传世抹胸实物在色彩方面,远比小说中的

---

① [清]徐珂编撰:《清稗类钞》,第6200页,北京:中华书局,2017年。

记述更为鲜艳、多样。对于抹胸与肚兜，有人认为是同一内衣，但名称不同。笔者以为两者其实是两码子物品，虽有相同的地方，围以胸前肚腹，其分工是抹胸侧重于胸乳，肚兜偏向于肚腹。

按照周锡保先生的说法：清代抹胸有两种，一种是系于贴身短小的，乾隆年间秦淮妓女夏用纱，冬用绉，缘以锦或加以绣花，束缚于胸之间，俗称"肚兜"，一般妇女也常用之。另一种束于外系腰腹间的，称为抹胸肚者即是。①

清代肚兜与抹胸的界限并不明显。有的抹胸可称肚兜，有的肚兜其实也是抹胸。如果仔细比较，两者还是有差别的。抹胸侧重覆盖胸乳，下端平整，基本卡在胸乳下沿，形制为三角形或

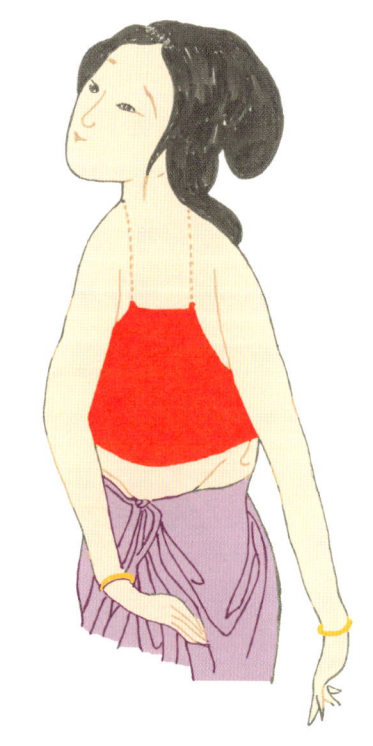

图 8-6 清人绘画中穿肚兜的清代妇女（摘自《中国服饰名物考》，黄强临摹，黄沐天设色）——长度较明代抹胸缩短。明代称之为抹胸，清代称之为肚兜。

长方形；肚兜的下摆延长，由胸部兼顾肚腹，形制为菱形。将肚兜称之为抹胸，或抹胸与肚兜混淆，通常是因为形制不明显，非菱形，也不是长方形。肚兜也用系带，"肚兜的腰部另有两条带子，着时束在背后，而下面的一角，通常遮挡肚脐，达于小腹"②。

小衣即内裤，汉代称为中裙。《红楼梦》中有绿纱小衣、红小衣，即以绿色纱制或红纱制的内裤。小说没有对清代小衣有更为详尽的记录，结合使用汗巾，可以推测，清代的小衣（内裤）属于宽松型，而不是紧身型。

---

① 周锡保：《中国古代服饰史》，第 487 页，北京：中国戏剧出版社，1986 年。
② 周迅、高春明撰文：《中国历代服饰》，第 221 页，上海：学林出版社，1994 年。

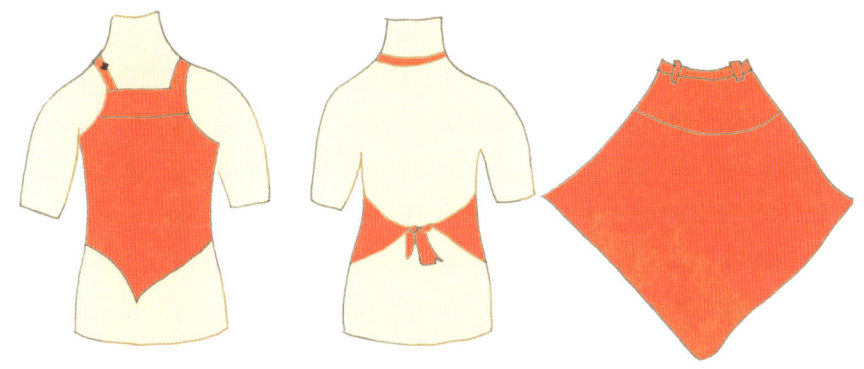

图 8-7 清代肚兜示意图（黄强临摹，黄沐天设色）——清代的肚兜与抹胸是妇女的贴身内衣。其形制沿袭明代，几百年间无大的变化，基本形制是一个肚兜，以系带扎在颈脖、背后。

内衣在《红楼梦》有其一定的蕴涵。张爱玲女士在研究《红楼梦》时就发现了这个问题。她说《红楼梦》中晴雯"天天打扮得像个西施的样子"，但是只写她的亵衣睡鞋。与芳官见面那次，刚起身，只穿着内衣，临死与宝玉交换的也好似一件"贴身穿的旧红绫袄"。唯一的一次穿衣服去见王夫人，"并没有十分妆饰，……钗鬌鬓松，衫垂带褪，有春睡捧心之遗风"[1]。以内衣来衬托人性的本能，大概是曹雪芹的曲笔表现手法吧。

3. 清代内衣的配饰

清代内衣中，还有一种特殊的服饰，属于内衣的配饰——汗巾。汗巾，又叫裤腰带，系内裤用的腰巾，因近身受汗，故名。犹内衣之称"汗衣""内襦"。《红楼梦》第 28 回，宝玉睡觉，袭人"见他腰里一条血点似的大红汗巾子，便猜着了八九分"。又有贾宝玉"将自己一条松花汗巾解了下来，递给琪官"。

从《红楼梦》的描写，我们对清代的内衣大致有了一个印象，男女的上衣有很大的区别，就是女子有肚兜、抹胸。下衫主要是小衣，样式并无多大区别，款式基本上是平角、宽松式，类似现在北方的大裤衩子，三角裤衩是不多见的。

---

[1] 张爱玲：《红楼梦魇》，第 7 页，上海古籍出版社，1995 年。

清代的内衣开放程度不够,主要是在样式创新,以及女性对内衣利用与把握。但是清代内衣在装饰纹样与做工上却刻意追求,思想的禁锢,并不防碍清人在内衣上缝制图案,来寄托寓意,表述情感。

图 8-8 清代"麒麟送子"肚兜——清代内衣不及明代开放,人们将寓意绣在肚兜上,既是性感的掩饰,又是情绪的宣泄。

4. 清代内衣纹饰的寓意

传世实物展示了清代抹胸的形制与装饰纹样。清代抹胸注意做工的精致,而且绣了吉祥纹样,大致上分为福寿祝福寓意,如三多之相;求嗣送子信息,如麒麟送子、连生贵子;中试中举做官的前程企求,如三元及第。

第一种吉祥祝福。"三多之相",以石榴、佛手、鱼表达"多子、多福、有余"之吉祥,在中心对称式的安排中富以微妙的小色块变化,统一而丰富,有极高的配色艺术价值。

第二种求子信息。"麒麟送子",象征祥瑞的古代传说动物"麒麟"图形与男童形象构成"麒麟送子"的吉祥图腾。内夹薄丝绵,底边"如意头"纹样是一大特色。"连生贵子"结构上的前后分体式及其肩部的襻带有明朝内衣的遗迹,前片胸襟处绣"连生贵子",后片以绘小花纹作饰,极为别致,底边缘的"前方后圆"内涵丰富,有"应天应地"之说。

图8-9 清代"三多之相"肚兜——形制是矩形,看惯了菱形或方形肚兜,见到这种肚兜觉得眼前一亮。色彩素雅,绣工精细,确是巧手之作。

图8-10 清代"连生贵子"肚兜——按照民间习俗,只要多看、多想,夜有所思,就会实现愿望,肚兜上的图案就是为实现这个目的进行的第一步。

第三种求官。"三元及第",以喜鹊图形来报"三元及第"的吉庆之喜,妙趣横生,"喜上树梢"的上下图形"同量不同形",统一中求变化。"八宝戏麒麟"抹胸,以精工的"打籽绣"绣出传统中"八仙"的道具,来围绕"麒麟"作戏,比喻各有其道,期望将来前程中本领高超。"狮子戏球"

以绣工与立体缀饰结合，是一大特色；嵌以银丝绒，更显华贵；狮子的形象也富有童趣，简约生动。

从以上列举的肚兜，我们可以看出，除了图案差别，有所寓意之外，肚兜的造型也有所区别。有方形、长方形、椭圆形、菱形、圆形等多种，甚至不规则形。还有带领圈的，围在颈部，与肚兜部分连为一体。

图8-11 清代"三元及第"肚兜——浅绣纹，风格朴素，或许是因为年代的长远，色调已经褪色。

图8-12 清代"荷塘鸳鸯"肚兜——造型上比较特别，很像戏剧脸谱，演的是哪出戏？夫妻如鸳鸯，永浴爱河，生个胖小子幸福一家子？颈部系带变成了坎肩，也有些戏剧中压抑的感觉，虽然采用了鱼线，显示富贵之气，客观上黑色调却显得压抑。

5. 清代内衣传世实物

清代末期的内衣，在保持传统抹胸、肚兜形制与风格的情况下，受到西学东渐、西服东渐的影响，出现了新形制的内衣。下面的几款抹胸就是清末时期的代表作。

"蝶恋花"以"绣""绲"二种工艺结合是一大特色，绣工精良，滚饰的盘花技艺令人赞叹；配色雅致，有极高的艺术价值。"长命富贵"巧妙地将"蝶""花"融汇布局，生机昂然，以"长命锁"来修饰颈部浑然和谐，奇妙无比。"鸳鸯贵子"以黑色布做底，绣五彩鸳鸯、蝶、花、鱼等图案，底部用金线来编织成穗饰之缘，在肚兜上极为罕见。"秋韵"以直身结构处理是肚兜艺术的一大特色，素雅的调和色绣以花蝶纹样更显女性的妩媚与洁净之美；前后两片贯通的工艺也是不可多见。

图 8-13 清代"蝶恋花"肚兜——是花恋蝶，还是蝶恋花？绣饰图案在于传递一种情绪的寄托。社会环境的压抑，人们不能直抒胸臆，只能将情感凝聚在针线活上，绣在图案中。

在寓意风格上，与清代前期抹胸保持一致，以图案来表述含义。在形制上，突破以往的菱形，有了变化，如有矩形、方形、圆弧形，潘健华先生考证归类，尚有三角形、扇形、梯形、椭圆形，以及T形与长方形组合、菱形与圆形组合、三角形与长方形组合等，[①] 但是主要形制依然是菱形。如果细究做工，肚兜在

---

① 潘健华：《云缕心衣——中国古代内衣文化》，第26—27页，上海：上海古籍出版社，2005年。

刺绣、镶绲方面也有很多说道。

男子内衣江南一带有牛舌衣。衬衣或大褂保留如同牛舌形的前后两片,以盘扣为系。仿佛20世纪50—80年代的假领子的加大加长版,多出的是胸前的牛舌状的一块。夏季用纱,春秋季用缎,冬季用绒。[①]

在内裤方面主要是叉裤,其实就是裤管比较长的贴身内裤。

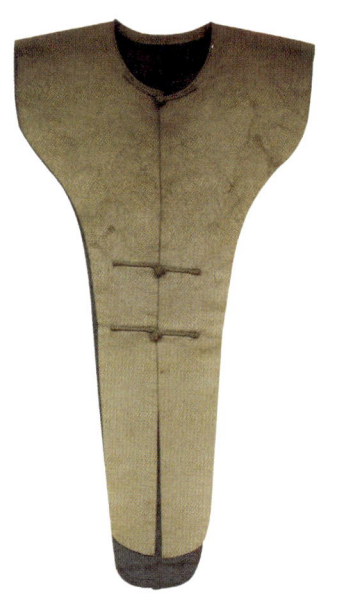 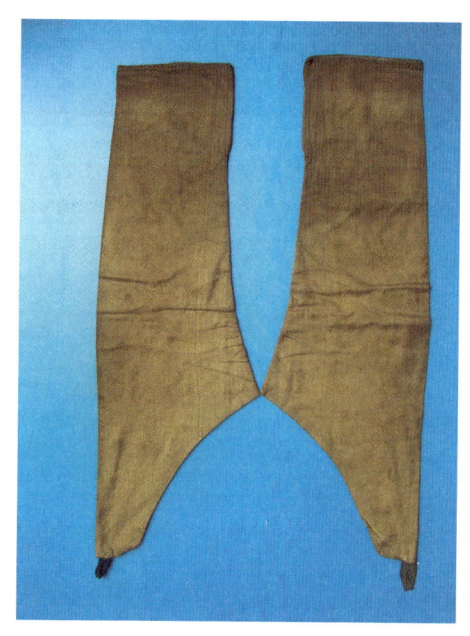

图8-14 清代云气纹提花米色绸地牛舌衣(摘自《云缕心衣》)——牛舌衣是俗称,形如牛舌。流行于清代江浙一带。面料有单、夹、绒,单衣贴身穿,夹、绒穿在衬衣之外,外褂、行袍之内。

图8-15 清代叉裤(乙万生藏,黄强摄)——叉裤是贴身而穿的内裤,男女都可以穿,形制也几乎一样,只是在制作时会以绣花等纹样来区别男女。

三、清代内衣的特点

与明代内衣比较,清代内衣在款式上显得单薄、单一,没有明代内衣的

---

① 潘健华:《云缕心衣——中国古代内衣文化》,第9页,上海:上海古籍出版社,2005年。

品种多，甚至缺乏内涵的性感元素，在思想意识上，清代女性远没有明代女性那么大胆。明代女性敢于大胆追求爱情，追求性爱，敢于穿暴露的内衣挑逗男子，以内衣的风情来诱惑男性，并以内衣作为搏杀的武器，在情场、性爱斗争中交锋。因为社会制度的松弛，尤其是明中叶以后社会风气放荡，不避讳房讳之事，才会有擅长内衣诱惑的潘金莲这样的人物，[①]才会渲染内衣的性感魅力，才会产生《金瓶梅》这样世情小说的鸿篇巨制。

图8-16 清代叉裤（乙万生藏，黄强摄）——叉裤与上古的胫衣相似，只有裤管，无裆。穿时套在腿上，以系带连接。与上古时不同之处，清代有很多其他的内衣，裆部并不裸露。

清代即使有几个挑战世俗的奇女子，如李香君、柳如是、寇白门等才貌艺俱佳，懂风情的秦淮八艳，却并没有在内衣服饰上大放光彩。至于《红楼梦》中的尤三姐，不过是在花花公子的凌辱下，为自己争得些颜面，获取人格尊严，她才会以内衣示人，仅仅是抗争，而不是挑逗，也不是为了展示性感风情。《红楼梦》的伟大，是其艺术的感召力，是其思想的深刻性，而不着重于对市井百态、社会风俗的刻画。不像《金瓶梅》反映的是最民间、最世俗化的社会景象，因此给我们在服饰方面的内容也就更实用、更真实。换言之，中国古代内衣到明代尚有风情情感，到了清代基本停滞，只是在工艺上还有推进。服饰早期是御寒保暖，保护身体，后来才有了等级、美化、调节功能。今天的服饰除了必须的保暖、保护功能，最重要的是美化。从这

---

① 黄强：《另一只眼看金瓶梅》，第119页，北京：中国文学出版社，2006年。

点来阐释内衣，性感功能的风情之美，其作用大于保护、保暖功能。一件巴掌大的内衣，可以卖出上万元的价格，显然不是布料的价值，而是传递的情感、性情信息，情绪价值。欲遮还羞，欲说还休，要的就是这样的效果。

图 8-17　清代灰麻纱叉裤（乙万生藏，黄强摄）——叉裤贴身使用，保护腿部，却不保护裆部。

图 8-18　清代织锦女内衣（乙万生藏，黄强摄）——其实就是贴身而穿的马甲，里面也可以穿肚兜，也可以不穿肚兜，因人而异。

在制作工艺上，清代内衣只是装饰纹样上比较丰富，肚兜的形制固然出于服饰的需要，也有着某些寓意。前圆后方，前短后长，这是为了应和天地人合一的传统理念；袋口的拼接处，必须绣上小幅图案来遮住线的结点，出于美化的需要，也是为了体现"触景生情"；腰、胸、肩等处分别系带，是为了在流动中达到不同的"塑身修形"效果。古代内衣不仅蕴藏着昔日情怀，更可瞥见时尚的端倪。

图 8-19　清代内衣"八宝戏麒麟"——麒麟是中国传统的祥兽，代表着吉祥。内衣也是为了表达这样的含义。

图 8-20 清代内衣"狮子戏球"——大红底色，鲜艳夺目，展示的是来自乡村的民俗风情。

图 8-21 清末内衣"长命富贵"——要长命也要富贵，将这样寓意的内衣穿在身上，要的就是带来这样的运气。

新材料的使用，清代出现过一种竹衣，以竹子为材料穿编的内衣服饰。通常使用丝织品，包括丝、纱、绸、缎等为面料。夏季也有使用透气的香云纱，用竹子非常少，主要是制作上远不如丝织品方便、舒适。竹衣采用的竹子细软，夏季活动时穿着，不合适睡觉，通常为男性做体力劳动时所穿，也缺乏市场普及性。

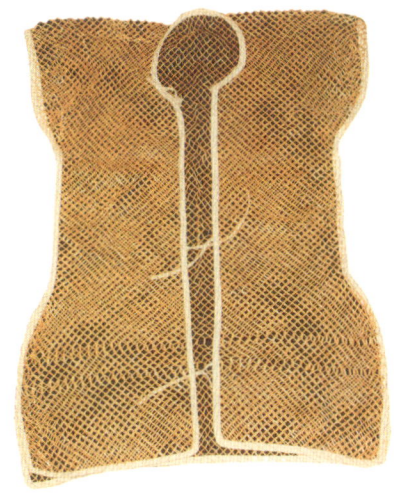

图 8-22 清代竹衣（摘自《图说清代女子服饰》）——又名竹衫、竹汗衫。竹节、竹片也能削得如此之薄，打磨得如此精致，光滑如玉，凉爽如丝。一方面展示了古人的精巧手艺，另一方面也丰富了内衣的材质，只要功夫深，竹节磨成衣。受文献的限制，尚不知这件竹衣产自何方。

四、简短的结论

清代的社会风气,肚兜、抹胸只能在闺房等有限的空间中展示风情,却不许社会普遍推广。《红楼梦》中的尤三姐在男子面前展露抹胸的行为被视为轻佻,客观上尤三姐的目的也是如此。与前面的朝代相比,清代内衣不仅不如明中叶纵情放达来得直接,也不如隋唐内衣来得朦胧、诱惑。

隋唐时期社会开放,推崇内衣的朦胧性感,无论是传世服饰、出土陶俑、绘画都客观地记录了当时的社会风情,服饰风尚。但是明清时期对身体的裸露总体上是反感的,内衣的文化内涵有所减弱。内衣是实用服饰,也是文化服饰,需要社会风气、环境的支持,清代的收敛性,保守性,促使内衣的开放性不够,而内衣的制作则只能倾向于装饰纹样,追求精致,图案寓意多样。

图8-23 清代胸衣(摘自《女红》)——色彩搭配很和谐,内衣贴身而穿,闺房所见,属于私密服饰,自然要体现天地人和的吉祥寓意。

第九章
袒肩露臂竞风流——民国时期的内衣

古代内衣至唐代极盛，呈现开放风气，款式大胆，无所顾忌，也最能体现女性的肌肤之美，身体曲线。到了民国，"共和"思想横空出世，打破了封建保守的樊篱；西服东渐，服饰多元化发展，内衣再次出现了开放、辉煌之景象。

古代内衣至唐代极盛，呈现开放风气，款式大胆，无所顾忌，也最能体现女性的肌肤之美，身体曲线。宋元以降，服饰呈现收敛性特点，女性内衣成为秘不示人的深闺用品。宋元理学更是贯穿着"存天理，去人欲"的思想，在服饰上表现为淹没个性、趋于一统的时代风尚。到了民国，共和思想横空出世，打破了封建保守的樊篱；西服东渐，服饰多元化发展，内衣也再次出现了开放、辉煌之景象。

一、民国时期服饰特点

在清王朝统治下的中国，"万恶淫为首"的观念依然在意识形态上束缚着人们的思想，服装也体现出这样的风格，男子穿长袍马褂，女子穿大襟衫元宝领，身体被厚重的衣料遮掩着。

1. 服饰风气开化

进入民国，风气开化，上衣下裙和上衣下裤成为女子的时兴装束，裤装大受女性青睐。裤装外穿不分阶层，大家闺秀也乐意穿裤装，以便自己行动轻便，合乎潮流。服饰向平民化发展，服饰的等级标识逐渐淡化，男子的长袍、西装、中山装一度三足鼎立，切合阶层职业特点，而不分贵贱等级。

旗袍的出现，给中国女性服饰发展提供了极好的展示平台，使中华女性的秀美身段如此风光地展示出来，绰约有致，风姿迷人。随着旗袍下摆、开衩的忽高忽低，袖子的或长或短，腰身的时紧时松，饱受宋明理学压抑之苦的中国女性秀美的大腿、胳膊在民国共和思想引导下得以沐浴阳光，获得完美的表露。旗袍的适应性极广，上至八旬老妪，下至八岁女孩，不分出身、职业，都可穿着。旗袍确实是一种大众化的服饰，但是并不因为普及，而失去典雅特质，也是上层社会的女性所爱。

2. 服饰体现共和思想

旗袍本为满族旗人的袍服，但是现在旗袍的概念指的则是民国时期在旗

图9-1 旗袍之袍——旗袍本为旗人之袍,特点是面料厚重,装饰烦琐,将女性身体包裹严实。民国旗袍脱离旗人之袍的窠臼,演绎出全新的概念,成为近代中国女性最具代表性的服饰。

图 9-2 老月份牌：民国低领短袖衫——西风东渐文化背景下的，带有西式文化风尚的服饰搭配，敞开式低领短衫与直筒裙组合，轻慢而时尚，俏丽而洒脱，时尚的灵动与夏季的炽热融汇。

人之袍基础上演变、创制、发展的中华旗袍。在中华旗袍诞生之后,旗人之袍被淘汰,满族旗袍与中华旗袍也成为两个概念,两种形式的服饰。

民国旗袍的诞生体现了人人平等的共和思想,正是因为有这种消除了等级差别的平等思想观,才给民国学术的百家争鸣、文化的百花齐放、服饰的姹紫嫣红,提供了肥沃的土壤与丰富的养料,也促进了民国内衣的解放。

二、天乳运动对女子内衣的冲击

民国初期,女子内衣沿袭明清时代的抹胸。抹胸是古代女子覆于胸前的一种贴身小衣,通常以鲜艳的罗绢为之,上绣彩绣,以两带系于颈项,两带围系于腰,这也是类似乳罩的一种内衣。由于封建意识的影响,女性健康的双乳在当时被视为"淫荡"的象征,罪恶的源泉。于是,在少女发育成熟后,必须用布将乳房束缚起来,以免显现出女性的性感特征。因此,尽管当时已经有了抹胸这种本来是保护女性乳房发育的内衣,但实际生活中的女性往往以束胸布来束缚双乳的自然发育。由于长期束胸,束胸太紧,以致一些女性胸部被束得变形,双乳的乳孔堵塞,有的女性因此塌胸驼背,疾病缠身,甚至无法生儿育女。从一些传世图片中我们不难看到,20世纪初期的中国女性基本上是胸部平坦的形象,缺乏女性独特的性感魅力。

图9-3 民国硕果连连肚兜(摘自《云缕心衣》)——面料厚实,属于冬季的肚兜。绣纹凹凸,显示出立体的手感,做工精致,是传世实物肚兜中的精品。

1911年的辛亥革命结束了几千年的封建帝制,建立了以三民主义立国的中华民国。进入民国后,妇女地位开始上升,社会风气也随之开放,女性可以上学读书,社会上也出现了女性工作者。"五四"运动使民主、科学之风蔓延社会,女性的地位进一步上升,学生装流行,在一些女性中出现了内衣服饰,开放之风渐渐抬头。

1. 小马甲的出现

民国初年,妇女内衣流行一种马甲,这种马甲与穿在外面的坎肩不同,一般都比较短小,俗称"小马甲"。小马甲,由"捆身子"演变而来。捆身子系明清时期妇女的贴身内衣,专用于束胸,作用与今天的胸罩类似。① 在小马甲的前片,缀有一批密纽,使用时将胸乳紧紧扣住。茅盾先生的小说《创造》中有这样的描写:"沙发榻上乱堆着一些女衣。天蓝色沙丁绸的旗袍,玄色绸的旗马甲,白棉线织的胸褡,还有绯色的裤管口和裤腰都用宽紧带的短裤:都卷作一团。"小马甲突出了女性胸部圆润的特征,展示了女性身体的曲线之美,摆出了一种向束胸叫板的姿态,为天乳运动的诞生奠定了基础。

与传统的抹胸比较,这时候的抹胸已经略显松弛,小马甲也已经是开放的女子内衣了。这个胸褡的作用也类似于今天的乳罩。包天笑《六十年来妆服志》称:"小马甲多半以丝织品为主,小家则用布,对胸有密密的

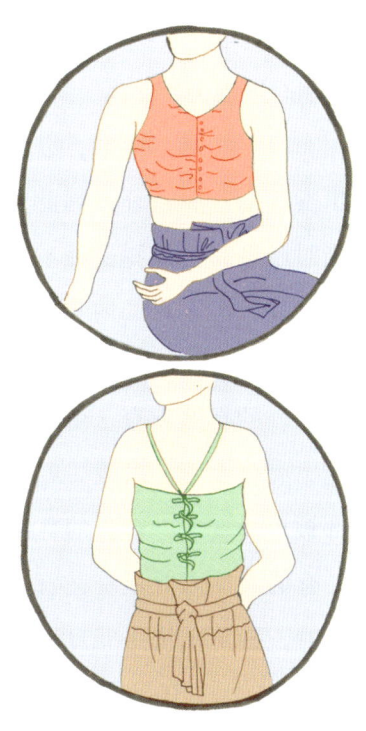

图9-4 1927年《北洋画报》刊登的小马甲(黄强临摹,黄沐天设色)。——民国小马甲,由"捆身子"演变而来。

---

① 周汛、高春明编著:《中国衣冠服饰大辞典》,第235页,上海:上海辞书出版社,1996年。

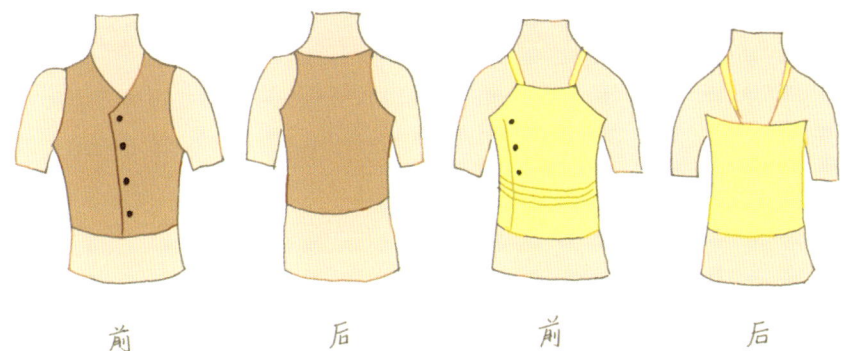

图9-5 民国小马甲示意图（黄强临摹，黄沐天设色）——小马甲也有两种款式，敞开式与套头式。敞开式类似一件小褂，以扣子为系带；套头式实际是包裹式，围在胸前，以系带为扣。有紧身和宽松两款，前者可称为胸衣，后者是后来的无肩带乳罩的前身。

纽扣，把人捆住，因从前的年轻女子，以胸前双峰高耸为羞，故百计掩护之。"①原先许多女子都用白布束胸，束胸布当时称之为"束奶帕"。

20世纪与21世纪交替之际，90岁高龄的卫清芬女士还记得上世纪20年代束奶的经历：

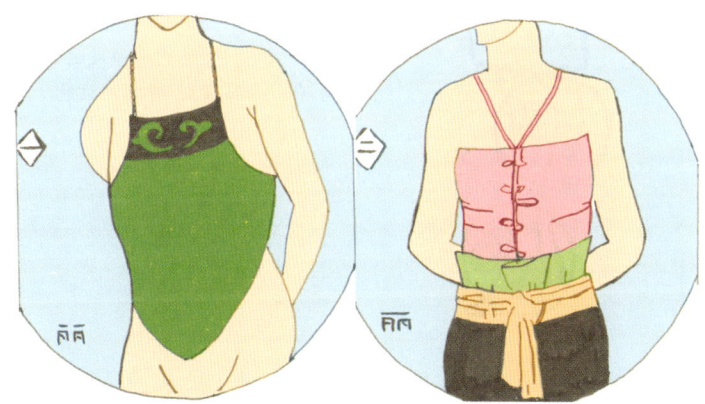

图9-6 肚兜与胸罩比较（摘自《北洋画报》，黄沐天设色）——一中一西，不同风格，不同造型，表现出民初西服东渐的风尚。

---

① 转引自周汛、高春明《中国古代服饰大观》，第333页，重庆：重庆出版社，1996年。

不知为什么，我比其他女孩子发育得早，乳房特别大，打从15岁起，我妈就开始给我束胸，用一根花布条子，缠了一圈又一圈——怎么能不疼呢，有时候疼得腰都直不起来……可是不管怎么束胸带子，晚上睡觉，只要一解开那束胸带子，乳房就像从里面跳出来似的，还是照样那么大。①

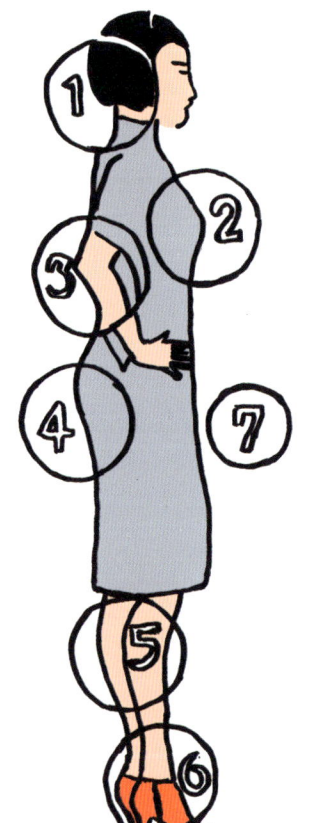

图9-7 老漫画：肉体解放之数点（摘自《北洋画报》，黄沐天设色）——为了满足男人对女人"苗条身段"的偏爱，许多女子从小就束胸，因为束胸太久、太紧，有的女性两乳竟然消失，乳孔也受到堵塞。与裹小脚一样，对女性身体有极大残害。天乳运动使女性胸乳得以解放。

2. 天乳运动解放对胸部的束缚

到了20世纪20年代，有一些新潮女子开始放胸。1927年，政府倡导"天乳"，反对束胸，就是放开束缚胸部的白布，不穿内衣，让女子乳房自

---

① 文白：《追逐的狂潮——100年赶时髦的中国女人》，刊《健康天地》1999年第12期。

由呼吸，自主生长，对于不执行放乳政策的要进行罚款。

卫清芬女士大着胆子扔了束胸带子，那个时候还没有胸罩，要么束胸，要么就光着身子穿一件衣裳。刚好被公公看到了，立马将卫清芬丈夫叫到正房里训了一顿。因为公公的反对，卫清芬女士才放了几天的天乳，又束了起来，结果上街时被女警察检查到，属于违反政府令，罚款50块大洋。夫妻俩将罚款条拿给公公看，公公嘴还硬，"罚就罚，我还出不起这钱？"同时叫儿子不要让卫女士上街，惹人眼睛。然

图9-8　老漫画：民国天乳美（蒋汉澄作，选自《北洋画报》，黄沐天设色）——双乳被解放，使女性身体曲线得以展示，当时开明人士对此颇多赞美。

图9-9　老漫画：民国禁止束胸之后（选自《北洋画报》，黄沐天设色）——女子放足与天乳运动，是民国时期女性地位提高的两个明证。女性身体得到了解放，精神面貌也发生了很大的变化。

而，躲是躲不过去的，某天，一个妇女组织上门来检查，发现卫女士还束着胸，又罚款50块大洋。这下老公公心疼起钱来了，嘴上不说，可此后再也不过问卫女士束胸不束胸了。①

此时，追求思想解放的新潮女性纷纷扔掉束奶帕，勇敢地挺起胸脯，向冬烘先生叫板。在茅盾先生写于20世纪20年代的小说《蚀》有详细的描述。

> 原来是孙舞阳，她穿了一件银灰色洋布的单旗袍，胸前平板板的，像是束了胸了。……（方罗兰）惊讶的眼光直注射孙舞阳的改常的胸部。
>
> 仿佛也觉得方罗兰凝视着她的胸脯的意义，又笑着转口问道："罗兰，你看着我异样么？我今天也束了胸，免得太打眼呵！"
>
> 孙舞阳说着伸了个欠，就把一件破军衣褪了下来，里面居然是粉红色，肥短袖子，对襟，长仅及腰的一件玲珑肉感的衬衣。……同时，她的右手抄进粉红色衬衣里摸索了一会儿，突然从衣底扯出一方白布来，撩在地上，笑着又说："讨厌的东西，束在那里，呼吸也不自由；现在也不要了！"
>
> 方罗兰看见孙舞阳的胸部就像放松弹簧似的鼓凸了出来，把衬衣的对襟纽扣的距间都涨成了一个个的小圆孔，隐约可见白缎子似的肌肤。

主张天乳的人士认为："女子有大奶部，原本自然，何必害羞。况且奶头耸起于胸前，确是女子一种美象的表征。因为女子臀部广大，奶头在上胸突出，正是使上下前后的身段得了平衡的姿势。我国女子束奶，以至于行动时不免生了臀部拖后、胸前扯前的倾斜状态，这不独不美观，并且极不卫生。"他们呼吁废止"反自然、不卫生、无美术的束奶勾当，始与小脚、细腰及扁头诸恶俗"，要求女性内衣解放前胸支托乳部。②

鲁迅先生对于束胸与天乳运动乃至内衣有过评论："仅只攻击束胸是无

---

① 文白：《追逐的狂潮——100年起时髦的中国女人》，刊《健康天地》1999年第12期。
② 张竞生：《张竞生文集》，第41—42页，广州：广州出版社，1998年。

效的。第一，要改良社会思想，对于乳房较为大方；第二，要改良衣装，将上衣系进裙里去。旗袍和中国的短衣，都不适于乳的解放，因为其时即胸部以下掀起，不便，也不好看的。"[1]

尽管天乳运动并没有持续多长时间，但是天乳运动在当时产生过一定的影响，对于女性身体的解放，以及内衣的发展是有积极意义的。西风东渐，给民国时期的服饰时尚变迁带来巨变，对内衣影响最大的莫过于观念的更新。[2]

三、义乳的出现与乳罩的引进

"五四"运动以后，德先生与赛先生的流行，在当时兴起了办学之风、留学之风，外国传教机构在国内开办了教会学校，一些留学人员的归国，也将国外的服装带入了国内，像日本的学生装，西洋的西装，等等。

1. 胸部平坦成缺陷

着洋装成为时尚，一些妇女开始模仿西洋女子束腰凸胸的样子，穿起文明新装追求女子的曲线美。这时候从旗人旗袍脱胎换骨的初兴旗袍诞生了，旗袍使中华女子秀美的身段得以展示出来。[3]但是即使穿旗袍，女性的玲珑曲线并不十分突出，关键问题在于中华女子胸部的平坦缺陷，而这又是因为女性没有合适的内衣衬托胸部的丰满与性感。说白了，那时的妇女还没有使用可以衬托胸部轮廓的乳罩。

意识到了这个问题，一些受过西方教育，思想比较开明的女子开始琢磨改变胸部的平坦，有的人用棉花塞在胸前，使胸部凸出，还有人将小皮球剖成一半，做成假乳。由此可见，中国妇女为了追求个性、身体的解放付出的辛苦。

---

[1] 鲁迅：《鲁迅全集》，第3卷，第468页，北京：人民文学出版社，1991年。
[2] 黄强：《从天乳运动到义乳流行——民国内衣束放之争》，刊《时代教育·国家历史》2008年第11期上旬刊。
[3] 黄强：《变化中的时尚风景——百年女性服饰回眸》，刊《江海侨声》1999年第17期。

图 9-10　20世纪20年代初兴旗袍（摘自《老照片·服饰时尚》）——初兴旗袍较民国初年的旗袍，旗装化渐淡，尽管还是大袖，但是对腰身有了要求，突出了曲线，女性的胸部特征从过去宽大的服饰中凸现出来，于是对内衣的需求增加了。

2. 义乳漂洋过海来到中国

在此阶段，我国女子内衣仍然是初期阶段，一直到了乳罩的出现才进入了一个新的阶段，给女子内衣带来了划时代变化。乳罩是舶来品，它的发明给女性身体带来了解放，乳罩诞生最初的功能是给不愿穿跳舞胸衣的女人提供乳房的支撑。1914年美国女子克劳斯贝（Caresee Crosby）用两块手绢和一条窄缎带制作了第一直无骨撑、裸露腰腹的乳罩，[①] 从此给女性内衣带来了一场革命。乳罩不再用来压平胸部，而是用来突出胸部，隆胸细腰丰臀成为当时的新宠。20年代末期，乳罩漂洋过海来到中国，当时人们称之为"义乳"，笔者在拙著《衣仪百年》中提出电影明星阮玲玉是最早戴"义乳"的中国女性之一。[②] 影星对引领时尚起了表率，通过阮玲玉传世照片胸部形态的比较，也可以佐证。

乳罩的出现，将女子内衣推向了一个高峰，也带旺了其他产品，吊袜带、西式的睡衣都在这时候出现了。女性内衣有了吊带式、西式两种。

西式内衣的引进对中国内衣也产生了影响，中式内衣开始吸收西式内衣的特点进行改良，出现了亦中亦西的采用西式肩带而在旁侧开襟的改良胸衣。这种状况在茅盾、张爱玲等20世纪30年代的小说中都有反映。

> 它照耀着的形体整个是软的、酥的、弧孤线的、半透明的；是一个女孩子紧紧把背贴在门上。她穿着一件晚礼服眼式的精美睡衣，珠灰的"稀纺"，肩膀裸露在外面。（张爱玲《沉香屑·第二炉香》）
>
> （张女士）发怒地拉开了衣领；感得胸口象有重物压着，她又扯断了胸衣上收口的丝带。（茅盾《昙》）
>
> 渐劲的晚风吹开了紫色旗袍的下缘，露出蜜色长统丝袜上的浅红色吊带。
> （茅盾《色盲》）

[①] ［英］凯伦·W·布莱斯勒、凯罗林·纽曼、吉莉安·普劳科特著，秦寄岗、屈连胜译：《百年内衣》，第44页，北京：中国纺织出版社，2000年。

[②] 黄强：《衣仪百年——近百年中国服饰风尚之变迁》，第81页，北京：文化艺术出版社，2008年。

图9-11 义乳实践者影星阮玲玉——阮玲玉是民国当红影星,也是一位时尚的追逐者和体验者。

图 9-12　老月份牌：民国吊带衫（杭稚英绘）——这款内衣属于穿在外面的，非常大胆，与现代时髦女郎的吊带衫相比毫不逊色。

图 9-13 民国开襟内衣（摘自《北洋画报》），黄沐色设色——这款内衣是西式胸罩与中式抹胸、肚兜的结合，吊带移植抹胸，旁侧纽扣来源于肚兜。

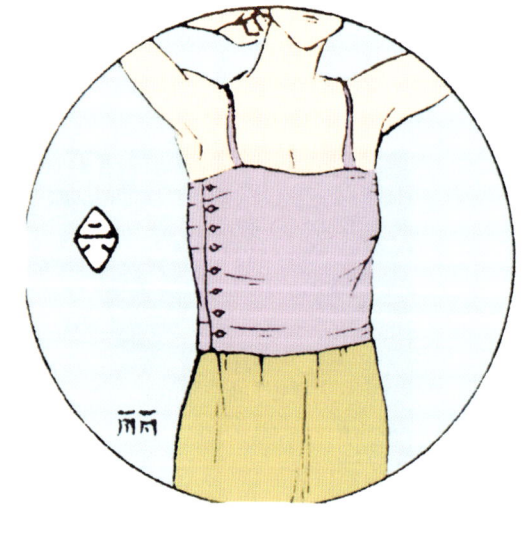

图 9-15 民国西式内衣（黄强临摹，黄沐天设色）——这些都是民国初年从国外传过来的内衣，与小马甲有几分相似，但是造型上已接近现代的内衣了。两种内衣上下相连，类似现在的泳衣、连体束衣。

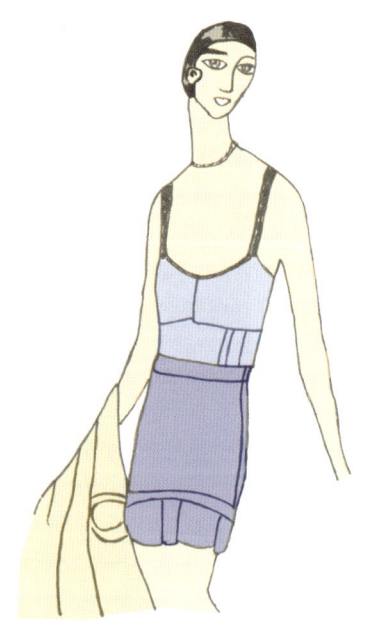

图 9-14 民国吊带式内衣（摘自《北洋画报》，黄强临摹，黄沐天设色）——中国内衣历史久远，但是并非真正意义的内衣，基本上有护体、御寒的功能，西式起步虽然不是太早，但是在功能发展上迅猛。中国肚兜也有吊带，更确切地说是系带，带子细、窄，强度弱，主要功能是系扎。西式内衣吊带较宽，还有托举胸乳的保护功能，扣搭在肩部不紧勒，相对舒适。

从小说描写中我们了解到，那时候女子的胸衣已经注意了美化，在收口上缀有丝带等装饰物。20世纪30年代上层社会的妇女的旗袍多用华贵艳丽的面料，包括一些镂空和透明的化纤或丝织品，旗袍里面要穿精美的蕾丝衬裙或西式内衣，并且采用了轻纱之类薄、透、漏的面料，以增加性感的魅力。"她身上的轻绡掩不住全身的轮廓，高耸的乳峰，嫩红的乳头，腋下的细毛"。（《子夜》）

图9-16　老月份牌：低开胸内衣——这样的低胸服装在民国是比较普遍的，其开放性放到现在仍然不落伍。

图9-17　老月份牌：透明旗袍——从薄纱的服饰下，我们可以清晰地看到时髦女郎穿的内衣。裸露不是暴露，而是朦胧之美。美的概念有许多，因时代不同而变化，唐代以肥为美，以袒露为美；宋元以降，以遮掩为美，服饰以宽大为美。其实在厚重服饰包裹之下，女性的个性被完全淹没了。这是扼杀个性，还是扼杀美丽？

3. 乳罩上了商品广告

到了20世纪40年代，风气更加开放。乳罩渐渐为上层社会和时髦场所接受，甚至上了商品广告。在妇女杂志《玲珑》上还出现了介绍假乳的文章，并被称之为"愉快的欺骗者"。这一切说明人们的观念发生了巨大的变化，[①]不再鄙视义乳，以及不再反对女性戴乳罩。东方女性的身体构造，在乳部发育上远不如西欧女子的硕大，加上缺乏扩胸运动的锻炼，乳部发育不良或乳房平坦型的身材相对较多。旗袍是极好展示身体曲线的服饰，然而曲线之美，不能少了乳部的丰满。义乳与乳罩的出现，弥补了女性身体的缺陷，自然得到了女性的欢迎。男性从女性婀娜的身姿中也得到了美观的视觉享受，他们也认同了义乳与乳罩。

图9-18 发艺奶罩广告——乳罩广告不是什么新奇事，报纸、电视上到处可见，人们已司空见惯。但是20世纪30年代第一次在中国大地上出现乳罩广告，无疑是惊世骇俗的。就好比国外第一次出现比基尼时，犹如燃放了一枚原子弹。

---

① 戴云云：《上海小姐》，第37页，上海：上海画报出版社，1999年。

四、袒胸露臂成时尚

20世纪30年代的风气开放,使得女性曲线美的风韵受到新潮人物的重视,女装的追求性感风情,改变了传统女装胸、腰、肩、臀完全呈平直的造型风格,开始热衷表现身体立体感的设计风格,在交际场所出现了以"露、透、瘦"为特征的新颖女装。

图9-19 老月份牌:显露旗袍突出胸乳——旗袍第一次使中华女性显露出曲线之美,她们的小腿沐浴在阳光下,她们的胸乳挺拔,展现了女性的妩媚。

1. 时尚潮流坦胸露臂

在上海这样的大城市，坦胸露臂成为女性服饰的一种时尚潮流。《上海竹枝词》中就有这样的反映：

> 春江女子感文明，装束无端又变更。
> 高底皮鞋长统袜，坦胸露臂若为情。

图 9-20 老月份牌：显露旗袍胸部轮廓明显——旗袍有腰身，量身定做，前凸后翘的身材最适合穿旗袍。凸显胸部真是旗袍的风情所在，老月份牌中的旗袍紧扣这一特点表现出来。

反映 20 世纪 30 年代社会生活的名著《子夜》也有类似的描写。吴老太爷来到上海,看到"一位半裸体似的只穿着亮纱坎肩,连肌肤都看得分明的时装少妇,高坐在一辆黄包车上,翘起了赤裸裸的一只白腿,简直好像没有穿裤子"。"虽则尚在五月,却因今天骤然闷热,二小姐已经完全是夏装;淡蓝色的薄纱紧裹着她的壮健的身体,一对丰满的乳房很显明地突出来,袖口缩在臂弯以上,露出雪白的半只臂膀。"

图 9-21 穿薄如蝉翼的服装透出内衣的轮廓——透过薄如蝉翼的服装,散发出的女性的魅力与成熟活力。

2. 袒肩露背穿泳装

泳装应该说是女子内衣外穿化的一个重要表现，在 20 世纪 30 年代表现出开放的风尚。传统观念对女子有贤淑的要求，所谓笑不露齿，走不露脚，更不要说女子抛头露面，在公开场合袒肩露背游泳了。但是开放的风气带来观念的解放，追求自由的女性勇敢地走出深闺，进入海滨或公共浴场，在大庭广众之下展露身体。男女同一池游泳本身就是非常了不起的行为，更何况泳衣的裸露。这时候的泳装尽管还是连体衣，但是肩背露的面积已经比较大

图 9-22 20 世纪 30 年代背心短裤式泳装——民国风气开放，民国女性率性穿着展露肌体的泳装，她们又推动了民国的开放风尚。

了，在当时无疑是惊涛骇浪。一些受过良好教育，尤其是受到西方思想影响，生活西化的大家闺秀、名门名媛成为泳装的体验者，她们亲身实践，推波助澜，使泳装这一形式的内衣走出了家庭，迈向了社会。

图9-23 20世纪30年代连体泳衣——连体泳衣初现，相对保守，这在泳装发展中是一个不辣眼，能被保守派接受，又向前失去发展的折中款式。

图9-24 1935年杨秀琼穿两截泳衣——杨秀琼以抗战初期淞沪之战泅水过江，给坚守四行仓库的"八百壮士"送红旗而闻名，有"美人鱼"之誉。

图 9-25 老月份牌：民国男女泳装——老广告记录的是当时时髦男女的时尚之举。

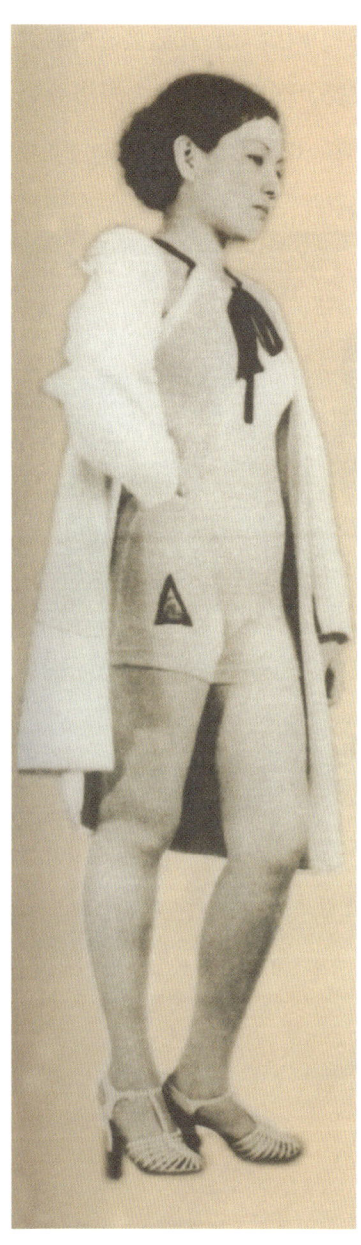

图9-26 遮挡比较严实的泳装——裸露是前卫,不裸露感穿着泳装,与社会上的男子在一个泳池中游泳,也仍然是勇敢的。

图9-27 穿泳装的民国女公子洪筠——对于民国受过良好教育,受西方思想影响的名媛来说,她们以行为大胆、衣着前卫而著称。民国内务总长朱桂莘的女公子洪筠就曾经有穿着西式泳装示人的图片发表。

第九章 袒肩露臂竞风流——民国时期的内衣

泳装的形制多种多样，先是连天式泳装，再到背心式泳装、两截式泳装，以及分体泳装。为适应人们游泳运动的需要，海滨城市有大海浴场，在大城市南京、上海，除了宾馆、饭店的室内泳池，也建有露天泳池。

图9-28 老月份牌：民国两截式泳装——上海中法大药房广告上的民国泳装。民国老月份牌的内容并不完全与广告相符，只是借时尚的流行，吸引消费者注意，带动商品销售。

图 9-29 老月份牌：民国两截式连体泳装——两截泳衣较之连体泳衣，在开放度上又提高了一点，胸乳部与肚腹部有所裸露。不过这两位时髦女郎的两截泳装尚有两截，并不是完全分体的两截泳装。

图 9-30 老月份牌：民国露天泳池与泳装——露天泳池的出现，有必要的前提，即经济发达的城市；社会风气开放的大城市；文化氛围与受西风东渐影响较大的城市；有经济基础，文化氛围，教育程度高的人群。男女共在一个泳池里劈波斩浪，并且成为社会的风尚。

除了外露的泳衣，这一时期还有睡衣、浴衣、运动衫等形式的内衣新产品问世。中国人睡觉原本没有睡衣一说，贴身的汗衫、肚兜、抹胸、小衣、短裤都是睡衣，北方地区甚至有光着身子睡觉的习俗。睡衣属于西风东渐的产物。至于浴衣，上古时期就有粗布衫。民国讲究的人家，浴后更衣，是洗浴讲究文化的表现。浴衣不再是粗犷的风格，而是细腻、软和，并且时尚化。

图9-31 老广告：民国睡衣——睡衣绝对是西化的服饰品种，中国人睡觉一般是衬衣衬裤，平时衬里穿，也可以穿着睡觉。北方人甚至光着身子睡觉。民国开始，喜欢吃西餐喝咖啡的人们也热衷于睡觉穿睡衣。

图9-32 金肇芳老月份牌《浴后》——金肇芳（1904—1969），安徽人，14岁在上海美丰印刷厂当学徒，自学绘画，他的作品有《西施》《喜气迎人》等。透过金肇芳的《浴后》，我们看到薄纱朦胧遮玉体的时尚，其实大都会的民国上海，西洋风盛行，洗浴也是当时人们的时尚活动，搭配上喷淋头、浴缸、沐浴液、洗发剂、浴巾、浴衣，都让追逐时尚的红男绿女向往。

图9-33 老月份牌：民国浴衣——中国式浴衣明衣，上古时就有，甚至作为礼仪的内容。但是客观上讲，我们并不重视，也没有普及，浴后不穿浴衣更普遍。民国时期浴衣也成了被社会认可的服饰品种。

运动衫是舶来品，中国服饰中没有为运动专门设计的服饰。运动衫也是内衣的衍生品种，特点是贴身而穿，兼有内衣外衣功能，随着运动的普及，运动衫（装）品种逐渐扩大，不再属于内衣。有的运动装又与休闲功能结合在一起。民国运动衫开始是汗衫与短裤的组合，后来又有套头式运动衫。

图9-34 老月份牌：民国运动衫——运动衫与教育有关，学校运动会推动了运动衫的发展。不在学校，不参加运动会，那对于某个运动的个体（个人）来说，没有服装的要求，爱穿什么穿什么。学校的体育课、运动会就对于运动穿什么有科学的指导和要求，于是运动衫由学校推广到社会。

女式衬衫最初只是作为便服，20世纪30年代的闺秀名媛只是在出门游玩时才偶而穿着衬衫。上穿长、短袖衬衫，下着半身喇叭裤或西式短裤，是一种比较时髦的装扮。时髦女郎可以在街上漫步，欣赏街上风景，她们走过也是一道亮丽的风景。

图 9-35　老月份牌：民国内衣外穿骑自行车——这样大胆的内衣外穿，如果不告诉你的年代，你大概不会相信这是民国期间的内衣。老月份牌作为绘画或许有夸张的地方，但是20世纪三四十年代，受西方文化影响，中国女性的开放程度确实走在了男性的前面。

对于这一时期的女子内衣的功能,张爱玲《更衣记》有过这样的评述:"中国女人的在紧身背心的功用实在奇妙——衣服再紧些,衣服底下的肉体也还不是写实派的作风,看上去不大像个女人而像一缕诗魂,长袄的直线延至膝盖为止,下面虚飘飘垂下两条窄窄的裤管,似脚非脚的金莲抱歉地轻轻踏在

图 9-36 民国袒胸露背成时尚——这是 20 世纪 40 年代时髦女郎仿效好莱坞影星服饰摆的造型。美国好莱坞的魅力不仅现在有,早在八九十前就影响中国。追求时尚的年轻女孩以好莱坞影星为榜样,刻意模仿,即使袒胸露背也毫不避讳。

地上。""上层阶级的女子出门系裙,在家里只穿一条齐膝的短裤,丝袜也只到膝为止,裤与袜的交界处偶然也大胆地暴露了膝盖,存心不良的女子往往从袄底垂下挑逗性的长而宽的淡色丝质裤带,带端飘着排穗。"①

图9-37 民国露肩露腿装束——暴露装其实是为了表现自我,吸引眼球,七八十年前,这就是当时的奇装异衣,前卫服饰。

---

① 林恒、袁元编:《讲穿》,第21—22页,海口:海南出版社,2000年。

五、抹胸保持传统风格

民国时期的服饰受西服东渐的影响,呈现开放性的特点。义乳、乳罩等内衣原本就是舶来品,其西式风格毋容质疑,尽管社会上舶来品的乳罩越来越受到年轻时尚女性的青睐,但是与此并行不悖的中华内衣依然在民间流行,在农村以及非大都市的城市女性、已婚的女性中仍有一定的市场需求。

1. 传统内衣小马甲肚兜

在20世纪20年代,女子内衣主要还是传统的小马甲、肚兜之类,一般来说,主要还是在闺房内穿着,"三姑娘慢慢腾腾的,脱下右边衫袖,露出一只胳膊来,把衣服脱了,可胸前还系了一个大红肚兜。"(张恨水《春明外史》第41回)但是在一些交际场所,也有将肚兜内衣穿在外面,卖弄风情的。言情小说名著《啼笑因缘》就有这样的描写:

不多一会的工夫,何丽娜又跳跃着出来。她不是先前那个样子了:散着短发,束了一个小花圈,耳朵上垂着两个极大的圆耳环,上身脱得精光,只胸前松松的束了一个绣花扁肚兜,又戴了一串长珠圈,腰下系着一个绿色丝条结的裙,丝条约有二尺长,稀稀的垂直下来,光着两条腿,赤了一双白脚,一跳便跳到舞场中间来。(第21回)

图9-38 性感明星黎明健——明星的这身性感打扮实际是走好莱坞明星的套路。20世纪三四十年代,美国影片风靡时,中国影片与影星都努力向欧美文化靠拢。

2. 乳罩进入女性香闺

到了 20 世纪 30 年代,法国产的乳罩运至上海,进入香闺,成为时髦女性的心爱之物。因为是一个新物品,习惯了用传统抹胸的中国女子开始还不是很习惯这个洋玩意,更主要还是经济条件的限制,一般女子是用不

图9-39 金梅生老月份牌:赏花美女——金梅生1921年进上海商务印书馆图画部,1931年自立门户,擅绘戏曲故事,四季美女的"月份牌"画名传四方,被誉为"梅生屏"。赏花美女穿短袖旗袍,曲线毕露,显露胸乳,是月份牌美女、美装的一种流行款式。

起乳罩的，因此那时使用乳罩并不普遍。在画家杭稚英的月份画中，时髦女郎有的穿着薄如蝉翼的旗袍，里面露出的是肚兜和背心，而不是乳罩。[①]大多数女性还是使用传统的胸衣，也就是我们通常说的肚兜、抹胸、小马甲。

图9-40 杭稚英老月份牌：梅花美女——在画家杭稚英的月份画中，时髦女郎有的穿着薄如蝉翼的旗袍，里面露出的是肚兜和背心，而不是乳罩。说明作品表现的年代，乳罩还不普及，中华女性内衣仍然以肚兜和背心为主。杭稚英18岁开始便出版"月份牌"画，1923年创立"稚英画室"，并邀何逸梅、金雪尘、李慕白等参加，面向社会承接"月份牌"画稿。她创作的形象甜美少妇题材的"月份牌"画，获社会青睐，每年出品达80余种。

---

① 戴云云：《上海小姐》，第36页，上海：上海画报出版社，1999年。

这一时期的传统肚兜并非毫无可取之处，款式上似乎没有大的变化，因为还是那块遮胸裹腹布，但是在装饰上却有了一些亮色。下面三幅是山西民间的巧妇巧手描绘，将中华民俗文化、历史故事与时代的元素绣在了肚兜之上，凝聚了她们的情感。

图 9-41 民国山西"梅绛"肚兜——按照当地的民俗，肚兜虽是内衣，但是在夏季或干活时脱去外褂时，也是可以示人的，因此肚兜也成了文化载体。

图 9-42 民国山西"刘秀封宫"肚兜——肚兜是服饰，是载体，图案只是表达寓意而已。吉祥、喜庆、官场都是经常描绘的内容。

图 9-43 民国山西"黄鹤楼"肚兜——山西民间巧妇用巧手将经典的戏曲故事绣在了肚兜上面，使肚兜有了文化内涵。

又如"称心如意"肚兜,以白素绸作底,花纹图纹的点、线、面安排极为奇巧,雅致洁净,外观的"方"与内在纹样的"曲"相映成趣;"如意纹"用在胸口含有"称心如意"之内涵,体现出民族文化的沉积。

"戏味人生"的肚兜,把富有陕北风情的戏曲人物绣在肚兜中间,人物变形中见高超之气,花卉与人物的组合穿插有致,题材上别具一格,属于中华民俗风格的肚兜。

还有这件"将门之女"肚兜,虽然反映的是戏曲故事,头戴"七星额子"插狐尾及"靠旗",却形象地展示出女将的英武和阴柔之美,花蝶作陪衬而显得一派春色,这也反映了民国妇女地位的提高。

图9-44 民国"戏味人生"内衣——富有陕北风情的戏曲人物,变形中见高超之气,花卉与人物的组合穿插有致,题材上别具一格。

图9-45 民国"将门之女"内衣——头戴"七星额子"插狐尾及"靠旗",形象地展示出女将的英武和阴柔之美。花蝶作陪衬而显得一派春色。这两款内衣都属于肚兜,样式基本相同,区别在于质地与花纹。棉质的肚兜,北方冬天因为屋内烧炕,室温较高,女子在屋内可以穿着肚兜活动。不同花色的肚兜还是很具性感风情的。

3. 内衣的其他样式

此外，内衣的品种还有其他样式的，讲究享受的时髦女子对内衣的追求是开放、大胆。"到了华洋饭店，一直到大饭厅，那里电灯灿亮……饭厅上的女客，都是穿着坎肩的跳舞衣服，不但两只胳膊，完全在外面，其实上面是打着赤膊。……惟有中国的女人，向来捆乳束胸的，在这里坐着，也有露胸袒背的。……她身上一样的也没穿衣服，前后有两片珠络似的东西，掩护了背心和胸口，那两只乳隆然高挺"。（《春明外史》第 32 回）

所谓肚兜装，就是将前胸两片布绕到后颈或后背系绑、裸露出后背和肩膀的款式。通常此种设计运用于上衣、洋装和礼服上；最早风行于 20 世纪 30 年代，当时被大量运用于晚礼服和沙滩装上。

六、简短的结论

民国时期的内衣贯穿着共和思想，风云变幻的天乳运动，束奶布的扬弃，义乳的诞生，奶罩的引进，一方面是对女性的身体一种解放，另一方面体现对女性的尊重。内衣发展已有几千年历史，民国以前内衣体现着服饰美学观念，但是并没有体现对女性人格的尊重。

民国时期放乳与束乳的交锋，表面上似乎是对女性乳房解放与束缚的讨论，实则是对女性人性、人格的压迫与尊重的思想交战，是恪守封建社会女性是男性的玩物，是男权的附庸，还是体现共和人人平等的人权思想。

自宋元以降的内衣的收敛性，对女性身体的束缚，在民国得到了空前的释放，女性内衣沐浴阳光的照耀，也得到了张扬。内衣的形制发生了巨变，出现了全新的品种与款式，那是中华内衣以前所没有的品种，是创新的品种。随着乳罩等舶来品内衣文化进入中国，中国内衣的功能也得到了提升，由单纯的护体、御寒向保健功能发展。民国时期的传统肚兜在修饰上也有些亮色，通过绣花、装饰，表现人们对真善美的肯定，对美好生活的向往，对时代的讴歌。

第十章 内衣流淌着美丽——对中国内衣史的结语

有人说,内衣是一种含蓄的美丽,在朦胧之中欲说还休;

有人说,内衣是一种体贴的关怀,穿在自己身上,才体会到舒适;

有人说,内衣是一种雅致的情调,有多少种心情就有多少款内衣;

有人说,内衣像一种可以持久的爱情,在柴米油盐中依然生辉。

……

内衣贯穿在我们生活之中，关于内衣的话题有许多，无论是动乱的岁月，还是太平盛世，关于内衣的故事总是说也说不完。

内衣的历史悠久，内衣的真正开放，或者说符合现代概念的内衣历史却只有一百多年。

现代内衣在日本发展了50多年，在德国有100多年。据统计，内衣是美国成衣市场中唯一未曾中断增长的类别，其中女性的市场规划为男性内衣的6～7倍。1996—1997年的三年间，美国内衣产业的销售金额增长了11%，销售量则增加了12%。1999年的总产值达到177亿美元，每年平均增长幅度是6%。中国大陆现代内衣的发展开始于1993年，发展速度也是惊人的。笔者手上没有详细的数据，但是看看内衣厂家、品牌、品种如雨后春笋般涌现，就能想象出发展的速度与规模。因此，内衣产业的发展空间与前景极好。而时尚化、科技化、功能化依然是内衣的发展趋向，内衣兼顾美丽性与舒适性。

从内衣的流变，可以看到社会历史的演进、文化时尚的潮流，以及文化趣味、价值取向；从内衣的穿着，可以窥见穿着者的生活品位个性与审美倾向。小小的内衣，说小也小，巴掌大的几块布，不经意间玩出了花样，拼出了美丽；说大也大，体现民族的文化内涵，服饰文明的进程。

内衣，一种活力的涌动，一种隐私的宣泄；一种格调的张扬，一种雅致的情趣；一种美丽的象征，一种流行的时髦；一种漂亮的炫耀，一种时尚的景致。让我们为之感慨，为之陶醉，为之欢呼，为之疯狂。

内衣，它流淌着美丽，编织着更美更好的生活。

参考文献

一、典籍部分

金启华译注：《诗经全译》，南京：江苏古籍出版社，1993年。

杨天宇译注：《礼记译注》，上海：上海古籍出版社，1997年。

杨伯峻编著：《春秋左传注》，北京：中华书局，2018年。

杨伯峻译注：《论语译注》，北京：中华书局，2015年。

徐正英、常佩雨译注：《周礼》，北京：中华书局，2018年。

方勇、李波译注：《荀子》，北京：中华书局，2023年。

绿净译注：《古列女传译注》，上海：上海三联书店，2021年。

[清]阮元校刻：《十三经注疏》影印本，北京：中华书局，1991年。

世界书局编印：《诸子集成》影印本，上海：上海书店，1991年。

[汉]司马迁撰，[唐]裴骃集解，[唐]司马贞索隐，[唐]张守义正义：《史记》点校本，北京：中华书局，2018年。

[汉]班固撰，[唐]颜师古注：《汉书》点校本，北京：中华书局，2018年。

[南朝·宋]范晔撰，[唐]李贤等注：《后汉书》点校本，北京：中华书局，2018年。

[唐]房玄龄等撰：《晋书》点校本，北京：中华书局，2010年。

[南朝·梁]萧子显撰：《南齐书》点校本，北京：中华书局，2007年。

[唐]李延寿撰：《南史》点校本，北京：中华书局，2008年。

[唐]姚思廉撰：《陈书》点校本，第483页，北京：中华书局，2008年。

[后晋]刘昫等撰：《旧唐书》点标本，北京：中华书局，2017年。

[宋]欧阳修、宋祁撰：《新唐书》点校本，中华书局，2017年。

[元]脱脱等撰：《宋史》点校本，北京：中华书局，2017年。

[元]脱脱等撰：《辽史》点校本，北京：中华书局，2018年。

［清］张廷玉等撰：《明史》点校本，北京：中华书局，2016 年。

［汉］许慎撰，［清］段玉裁注：《说文解字注》影印本，上海：上海古籍出版社，1986 年。

［汉］刘熙等撰：《尔雅、广雅、方言、释名清疏四种合刊》影印本，上海：上海古籍出版社，1989 年。

［汉］班固、［清］陈立撰，吴则虞点校：《白虎通疏证》，北京：中华书局，1994 年。

［汉］史游等著：《急就篇 捷径杂字 包举杂字》，长沙：岳麓书社，2022 年。

［晋］崔豹撰，崔杰校点：《古今注》，沈阳：辽宁教育出版社，1998 年。

［晋］干宝撰，马银琴译注：《搜神记》，北京：中华书局，2013 年。

［晋］葛洪著，张松辉、张景译注：《抱朴子外篇》，北京：中华书局，2013 年。

［晋］葛洪著，成林、程章灿译注：《西京杂记译注》，贵阳：贵州人民出版社，1995 年。

［南朝·宋］刘义庆撰，朱碧莲、沈海波译：《世说新语》，北京：中华书局，2016 年。

［唐］杜佑撰，王文锦、王永兴、刘俊文、徐虚云、谢方点校：《通典》，北京：中华书局，1992 年。

［唐］张鷟、范摅撰，恒鹤、阳羡生校点：《朝野佥载 云溪友议》，上海：上海古籍出版社，2023 年。

［五代］马缟撰，李成甲校点：《中华古今注》，沈阳：辽宁教育出版社，1998 年。

［宋］郑樵撰：《通志略》，上海：上海古籍出版社，1990 年。

［宋］聂崇义撰：《新定三礼图》影印本，杭州：浙江人民美术出版社，2016 年。

［宋］司马光撰，李之亮笺注：《司马温公集编年笺注》，成都：巴蜀书社，2008 年。

［宋］陆游撰，杨立英校注：《老学庵笔记》，西安：三秦出版社，2003年。

［宋］孟元老撰，王永宽注译：《东京梦华录》，郑州：中州古籍出版社，2018年。

［宋］高承撰，［明］李果订，金圆、许沛藻点校：《事物纪原》，北京：中华书局，1989年。

［宋］宇文懋昭撰，崔文印校证：《大金国志校证》，北京：中华书局，2015年。

［宋］徐梦莘撰：《三朝北盟会编》影印本，上海：上海古籍出版社，2019年。

［宋］耐得翁、西湖老人撰，夏金龙、辛鑫注译：《都城纪胜 西湖老人繁胜录》，北京：中国商业出版社，2023年。

［宋］李心传撰，徐规点校：《建炎以来朝野杂记》，北京：中华书局，2023年。

［明］陶宗仪等编：《说郛三种》影印本，上海：上海古籍出版社，1989年。

［明］詹詹外史辑，张福高等点校：《情史》，沈阳：春风文艺出版社，1982年。

［明］沈德符撰：《万历野获编》，北京：中华书局，1997年。

［明］田艺蘅撰，朱碧莲校点：《留青日札》，上海：上海古籍出版社，1992年。

［明］郎瑛撰，安越点校：《七修类稿》，北京：文化艺术出版社，1998年。

［清］彭定求等编：《全唐诗》影印本，上海：上海古籍出版社1995年。

［清］徐珂编撰：《清稗类钞》，北京：中华书局，2017年。

王三聘辑：《古今事物考》影印本，上海：上海书店影印，1987年。

王国维：《观堂集林》影印本，北京：朝华出版社，2018年。

［明］兰陵笑笑生著，齐烟、汝梅点校：《新刻绣像批评本金瓶梅》，济南：齐鲁书社，1989年。

［明］兰陵笑笑生著，戴鸿森点校：《金瓶梅词话》，北京：人民文学出版社，1992年。

［清］曹雪芹、高鹗著，启功注释：《红楼梦》，北京：人民文学出版社，1974年。

［明］冯梦龙编著，魏同贤校点：《醒世恒言》，南京：凤凰出版社，2005年。

［明］冯梦龙编著，魏同贤校点：《警世通言》，南京：凤凰出版社，2005年。

［明］冯梦龙编著，魏同贤校点：《喻世明言》，南京：凤凰出版社，2005年。

［明］西湖渔隐主人撰，于天池、李书点校：《欢喜冤家》，北京：北京师范大学出版社，1992年。

二、研究著作部分

包铭新、马黎等编著：《中国旗袍》，上海：上海文化出版社，1998年。

包铭新、李甍、曹喆主编：《中国北方古代少数民族服饰研究·元蒙卷》，上海：东华大学出版社，2013年。

包铭新、张竞琼、孙晨阳主编：《中国北方古代少数民族服饰研究·吐蕃卷 党项、女真卷》，上海：东华大学出版社，2013年。

包铭新、李甍、曹喆主编：《中国北方古代少数民族服饰研究·契丹卷》，上海：东华大学出版社，2013年。

蔡美彪、吴天墀：《辽、金、西夏史》，北京：中国大百科全书出版社，2011。

蔡子谔：《中国服饰美学史》，石家庄：河北美术出版社，2001年。

陈茂同：《中国历代衣冠服饰制》，北京：新华出版社，1993年。

陈高华、徐吉军主编：《中国服饰通史》，宁波：宁波出版社，2002年。

戴云云：《上海小姐》，上海：上海画报出版社，1999年。

段文杰：《敦煌艺术论文集》，兰州：甘肃人民出版社，1994年。

范文澜：《中国通史》第1册、第3册，北京：人民出版社，1979年。

高春明：《中国服饰名物考》，上海：上海文化出版社，2001年。

张宝玺：《甘肃安西东千佛洞石窟壁画》，重庆：重庆出版社，2000年。

黄能馥、陈娟娟编著：《中国服装史》，北京：中国旅游出版社，1995年。

华梅：《中国服装史》，天津：天津人民美术出版社，1997年。

黄强：《另一只眼看金瓶梅》，北京：中国文学出版社，2006年。

黄强：《衣仪百年——近百年中国服饰风尚之变迁》，北京：文化艺术出版社，2008年。

黄强：《金瓶梅风物志——明中叶的百态生活》，北京：中国社会科学出版社，2017年。

黄强：《绣罗衣裳照暮春——古代服饰与时尚》，北京：商务印书馆，2020年。

黄强：《褒衣洒脱博带宽——六朝人的衣柜》，北京：商务印书馆，2021年。

黄强：《中国古代服饰研究》，中国台北：兰台出版社，2022年。

黄凤春：《浓郁楚风——楚国的衣食住行》，武汉：湖北教育出版社，2001年。

何俊哲、张达昌、于国石：《金朝史》，北京：中国社会科学出版社，1992年。

刘达临：《中国古代性文化》，银川：宁夏人民出版社，1993年版。

刘元风、贾荣林主编：《敦煌服饰暨中国传统服饰文化学术论坛论文集》，上海：东华大学出版社，2016年。

鲁迅：《鲁迅全集》第3卷，人民文学出版社，北京：1991年。

林恒、袁元编：《讲穿》，海口：海南出版社，2000年。

缪良云主编：《中国衣经》，上海：上海文化出版社，2000年。

彭浩：《楚人的纺织与服饰》，武汉：湖北教育出版社，1996年。

潘健华：《云缕心衣——中国古代内衣文化》，上海：上海古籍出版社，2005年。

沈从文编著：《中国古代服饰研究》（增订本），上海：上海书店出版社，1997年。

沈从文：《花花朵朵坛坛罐罐》，北京：外文出版社，1996年。

孙机：《中国古舆服论丛》（增订本），北京：文物出版社，2001年。

宿白：《白纱宋墓》，北京：生活·读书·新知三联书店，2017年。

史成礼、史堡光、黄健初：《敦煌性文化》，广州：广州出版社，1999年。

史金波：《西夏社会》，上海：上海人民出版社，2007年。

谭蝉雪：《中世纪服饰》，上海：华东师范大学出版社，2010年。

闻一多：《古典新义》，北京：商务印书馆，2016年。

王维堤：《中国服饰文化》，上海：上海古籍出版社，2001年。

王春法主编：《中国古代服饰文化》，北京：北京时代华文书局，2021年。

王青煜：《辽代服饰》，沈阳：辽宁画报出版社，2002年。

王秋华：《惊世叶茂台》，天津：百花文艺出版社，2002年。

吴天墀：《西夏史稿》，第231页，北京：商务印书馆，2016年。

向达：《唐代长安与西域文明》，北京：生活·读书·新知三联书店，1987年。

许嘉璐：《中国古代衣食住行》，北京：北京出版社，2003年。

咸阳市文物考古研究所编：《五代冯晖墓》，重庆：重庆出版社，2001年。

严勇、房宏俊、殷安妮主编：《清宫服饰图典》，北京：故宫出版社，2010年。

周锡保：《中国古代服饰史》，北京：中国戏剧出版社，1986年。

周汛、高春明：《中国历代妇女妆饰》，上海：学林出版社、三联书店（中国香港）有限公司，1988年。

周汛、高春明撰文：《中国历代服饰》，上海：学林出版社，1994年。

周汛、高春明：《中国古代服饰大观》，重庆：重庆出版社，1996年。

周汛、高春明编著：《中国衣冠服饰大辞典》，上海：上海辞书出版社，1996年。

赵超、熊存瑞：《衣冠灿烂》，成都：四川教育出版社，1996年。

赵超：《中华衣冠五千年》，中国香港：中华书局（中国香港）有限公司，1990年。

赵超：《霓赏羽衣——古代服饰文化》，南京：江苏古籍出版社，2002年。

赵评春、迟本毅：《金代服饰——金齐国王墓出土服饰研究》，北京：文物出版社，1998年。

张迎胜主编：《西夏文化概论》，兰州：甘肃文化出版社，1995年。

张竞琼：《西"服"东渐——20世纪中外服饰交流史》，合肥：安徽美术出版社，2002年。

张竞生：《张竞生文集》上卷，广州：广州出版社，1998年。

张爱玲：《红楼梦魇》，上海：上海古籍出版社，1995年。

宗凤英：《中国织绣收藏鉴赏全集》，长沙：湖南美术出版社，2012年。

曾启雄：《绝色——中国人的色彩美学》，南京：译林出版社，2019年。

［荷］高罗佩著，李零、郭晓惠等译：《中国古代房内考》，上海：上海人民出版社，1990年。

［荷］高罗佩著，杨权译：《秘戏图考》，广州：广东人民出版社，1992年。

［美］谢弗著，吴玉贵译：《唐代的外来文化》，北京：中国社会科学出版社，1995年。

［德］格罗塞著，蔡慕晖译：《艺术的起源》，北京：商务印书馆，1994年。

［英］凯伦·W·布莱斯勒、凯罗林·纽曼、吉莉安·普劳科特著，秦寄岗、屈连胜译：《百年内衣》，北京：中国纺织出版社，2000年。

恩格斯著，中共中央马克思恩格斯列宁斯大林著作编译局译：《自然辩证法》，北京：人民出版社，1971年。

中国大百科全书编委会：《中国大百科全书·纺织》，北京：中国大百科全书出版社，1986年。

中国大百科全书编委会：《中国大百科全书·考古学》，北京：中国大百科全书出版社，1992年。

中国大百科全书编委会：《中国大百科全书·中国历史》，北京：中国大百科全书出版社，1992年。

三、文章部分

陆宗达：《衩衣趣谈——古代礼俗考之一》，刊《团结报》1983年12月17日。

李蓉：《唐代前期妇女服饰开放风气》，刊《中国典籍与文化》1995年第1期。

黄强：《从服饰看金瓶梅反映的时代背景》，刊《江苏教育学院学报》1993年第2期。转刊于《复印报刊资料：中国古代近代文学研究》1993年第11期。

黄强：《论金瓶梅对明武宗的影射》，刊《江苏教育学院学报》1995年第3期。转刊于《复印报刊资料：中国古代近代文学研究》1995年第12期。

黄强：《明武宗未必最荒淫》，刊中国台湾《国文天地》第15卷第1期。

黄强：《服饰与金瓶梅的时代背景》，刊《徐州教育学院学报》1998年第1期。

黄强：《变化中的时尚风景——百年女性服饰回眸》，刊《江海侨声》1999年第17期。

黄强:《从天乳运动到义乳流行——民国内衣束放之争》，刊《时代教育·国家历史》2008年第11期上旬刊。

2008年版 后记

写这本内衣史并非偶然,而是酝酿了近十年的计划。说来我与服饰史研究结缘始于 25 年前。

1981 年我投于江苏教育学院徐仲涛教授门下,成为恩师的关门弟子,研习中国古代文化史。恩师一生教书育人,桃李满天下,国务院原发言人袁木,南京农业大学原校长刘大均院士都是我的同门师兄。尽管恩师与我年龄相差 4 轮,但是恩师对我却格外垂青,我不仅是他所有学生中受业时间最长的一个(从受业直至恩师去世长达 14 年),而且得到恩师在学业上的格外关照。或许我是跟他学习文化史的最后一个弟子,或许他是看着我长大的长辈,或许我本身就是他曾经执教过百年老校的学生,或许我与他同为一个属相……总之,我与恩师颇为投缘,师生的感情极好。尽管我也曾在江苏教院中文系聆听过恩师讲授文化史课程,但是更多的时候则是面对面的交谈、解惑、授业。14 年,从时间上等于经历了本科、硕士、博士、博士后的学习过程。

在研习文化史之时,我开始研究明清小说、古代服饰史。1988 年,齐鲁书社发行足本《新刻绣像批评金瓶梅》,当时规定只有正教授才有资格购买,江苏教院只分到两个名额。恩师将他的那套《金瓶梅》给了我,使我有机会研读这部市井小说。经过研读,我发现了隐藏在《金瓶梅》字里行间的时代背景端倪,而服饰正好是破解之一秘密的钥匙。我撰写的论文《从服饰看金瓶梅反映的时代背景》,刊发于《江苏教育学院学报》,不仅提出了时代背景为明代正德朝观点,成一家之言,更可贵的是从服饰学角度入手,拓展了《金瓶梅》研究的一种新方法。论文发表后,产生了一定的学术影响,不仅中国人民大学《复印报刊资料:中国古代近代文学研究》全文转载,报纸也进行了报道,还拿到了一个社科研究奖项。也由此开始了我以服饰研究明清小说,以文化探究服饰史的发端。当恩师读到我撰写的《论金瓶梅对明武宗影射》

一文时，为我提出了全新的学术观点而高兴，竭力推荐给学报发表。此文刊发后，再次被《复印报刊资料：中国古代近代文学研究》转载。但是这篇论文刊发时，恩师已于1995年1月30日驾鹤西去。从此，我失去了引领我进入学术研究之门的引路人，一位慈祥的长辈。更可惜的是14年受业的我只是学习、钻研，当时还没有什么成绩。当我的研究成果一次次刊发，我撰写的著作出版之时，我尊敬的恩师却不能看到了。记得我的第一本著作出版那一年的清明节，我祭拜了恩师，特意挑选了几篇论文复印件和一本著作焚烧。我不是有神论者，但是我希望恩师泉下有知，我没有辜负他的厚望。

14年的门下受业，恩师不仅教导我作文方法，也教育我做人。按照恩师的说法，要成为一个学者，先要学会做人，为人正直，才能为文正直；才能不为环境、处境左右，写出有思想、有观点的文章，人格即文风。投机取巧，哗众取宠，虽能有一时之名，却经不住时间考验。

在恩师的引导、指导下，我以文化史观点来考究明清小说，从服饰角度审视古代文化，以学习、解惑的态度来探究古代服饰制度史中存在的疑点、难点，注入我的观察体会，看法观点。我不懂的，有疑问的，别人也会与我同感。我理解了，又能以通俗的语言、浅易的说法将它表述说来，既是自己学习的体会，也可能对别人的学习有帮助。本着这样的态度与方法，20多年来撰写了《汉代的冠》《百年女性服饰回眸》《袈裟略说》等一系列服饰史文章。文章被《寻根》《新华文摘》《江海侨声》《万象》《扬子晚报》等报刊刊发或转载，产生了一定的社会反响，并结集《变化中的时尚风景》《共怜时世俭梳妆》等数本书稿。武汉大学刘良明教授甚至说："于服装中亦可见时席隆替，先生可谓善能察微以知著也！曩见先生刊于（转刊于）《新华文摘》论服饰文，知先生于此道研究已升堂入室，将来之成就当更倾动世人。"师友们的鼓励，对我是极大的鞭策。

在研究服饰史10多年之后，就考虑到专项的研究课题。鉴于服饰研究领域的冷热不均，难易程度，当时确定了两个研究专题：一是20世纪服饰变迁，后来成书稿《衣仪百年——20世纪中国人的服饰生活时尚》；二是中国内衣流变，就是目前的这本《中国内衣史》。

尽管师出有名，但是研究学术却是业余。虽然研究成果有目共睹，得到了圈内人的认可，并有"业余选手，专业水平"之评价，但是从学历方面讲，没有硕士、博士的学位；从工作方面说，不在高校、研究机构工作。笔者只是传媒从业者，业余研究服饰史，没有名家的光环，也没有高校研究机构的背景，撰写这本没有先例的"内衣史"是异常的艰难，无论是资料翻阅，图片查找，还是考察历史遗存等，都比专业的服饰研究者要困难得多。

因为早就萌发了撰写内衣史的想法，近10年来一直在收集相关资料，做案头的准备工作，几年来陆续撰写了《唐代女性开放装束》《金瓶梅中的女子内衣》《从艳情小说看明代内衣》《百年女子内衣秀》《内衣秀还能持续多久》等内衣史的文章，试笔的目的是为"内衣史"书稿的撰写积累经验。《百年女子内衣秀》在《社团之友》刊出后反映甚好；在雪藏3年半之后，《金瓶梅中的女子内衣》得到了《万象》杂志的赏识，对我都是极大的鼓励。

2003年9月我将这本书稿的提纲报给了中国纺织出版社，得到了郭慧娟等编辑的认可。出版社有意出版这本书，可是当时本书并未成稿。此后，因为忙于《共怜时世俭梳妆》《玄奘与南京玄奘寺》《佛门智窟》等其他三本书稿的撰写，本书的写作被迫推迟。正式写作本书是在2004年12月和2005年1月，南京最为寒冷的两个月，以及2005年南京最为炎热的6、7、8三个月。当时我躲在南京九华山上的一间小屋，没有空调，没有取暖器，除了电脑、电话、传真机等办公设备，其他条件非常简陋。中午吃斋，类似苦行僧的生活。冬天山上的风很大，刺骨的寒风将手冻得伸不开，我就用一个热水袋焐手，等到手指能活动了，再敲击电脑键盘；酷暑里，汗流浃背，挥汗如雨，热得吃不消了，就用冷水冲把脸。伴随着梵音佛磬的敲打，以及念佛诵经声，揉揉发涩的眼睛，我继续伏案写稿。一般是上午处理玄奘研究中心日常事务，下午得空才能进行研究与写作，而写稿最为专心的时候，往往是夕阳西下，僧人日落而息，办公室没有往来客人的这段时间。再就是晚上回家休息，夜深人静的时候，我又会坐在电脑前敲击键盘。7月中旬，我工作的小屋终于装上了空调，不再为炎热困扰，但是因为小和尚的居住条件简陋，没有空调，于是不断有无所事事的小和尚进来纳凉、闲聊、抽烟、上网聊天，对研究中心正常工作以及本书的写作有很大的影响。但就是在这样嘈杂的环境中，排除种种干扰与困难，8月25日，我终于将本书撰写完成，当时如释重负。10年前拟订的两个服饰研究专题计划，均以书稿的形式完成了。

写一部以前没有的内衣史是非常困难的，撰稿过程中借鉴了先贤、前辈、同行关于服饰史的研究著作。周汛、高春明等老师的著作对本书的撰写帮助甚大，许多图片是从他们的《中国历代服饰》《中国历代妇女妆饰》《中国服饰名物考》等著作中选用的；关于辽代内衣部分以及图片的引用，王青煜先生的《辽代服饰》功不可没；唐代敦煌内衣图片主要来自刘达临先生的《中国古代性文化》。此外，还从网络上下载了若干图片，不知作者姓甚名谁，希望原作者读到此书时，能与我联络，以便奉上稿酬以及在本书再版时署名；有关明清内衣章节中清代几款肚兜的具体描述，从网络资料中受益不浅，却无法标注引用来源，但是他人的成果不敢掠美，在此说明。遵循学术著作参考文献规范，除非常特殊的地方，因为无法确定准确来源而未一一标注，本书中引用资料在正文注释与参考文献中均有说明。我要感谢他们，我是站在他们肩上才有了这本著作的诞生。

本书中的若干附图由于传播、印刷等因素的影响，原件有的比较小，图像也不清晰，或者有其他的印痕，不能直接引用，为此我又进行了重新临摹；南京梅园中学丁一欣小姐也鼎力襄助，临摹绘制了部分附图；线描图几乎都是重绘的；一些摄影图片，转录时图像就非常小，无法复制，只好保持原样，精美性受到一些影响，比较遗憾。

对于本书的出版要特别感谢中国纺织出版社及策划编辑郭慧娟的赏识，没有他们的慧眼相识，这本书也会与我的其他书稿一样束之高阁。在书稿审读时，郭慧娟编辑还提出了许多建设性的意见，大到章节布局，小到具体的说法、用词，诸如《诗经》中内衣描写、文字表述的准确，以及图片的选用、版式编排、本书的学术定位等等，非常细致。现在这些修改意见都落实到了书中。还要感谢著名服饰史专家、上海艺术研究所研究员周汛、高春明两位老师,他们不仅审读了书稿,高春明老师还在百忙之中为拙著写序,提携与奖勉。没有他们的帮助,就没有这本书的完成。

写稿是痛苦的,苦思冥想,绞尽脑汁;完稿与出版却是快乐的,自己的心血没有白付,读者阅读时的喜悦等,这种快乐只有经历过才有感悟。

二〇〇六年三月六日
于南京九华山负笈园

新版后记

《中国内衣史》第一版出版于2008年1月,一晃16年过去了。这本书的出版有点传奇。2005年时,尽管我研究服饰史已经有十多年了,但是还没名气,也没著作,无名小卒一枚。我向中国纺织出版社投稿时,也没有样章,仅有一纸提纲。就凭几百字的提纲,出版社、编辑就认可了,签订了出版合同。如果换到今天,不可想象。出版社通过提纲,看到了书稿的创新性——填补了中国服饰史研究的空白,并没有考虑作者的名气、学历、著述等。我也不负编辑厚望,完成了这本中国内衣史研究的写作。

此书出版后,在业界还是有些影响的。一是被中国大陆、中国台湾的学位论文、著作列为参考书目;二是进入了日本、澳大利亚的图书馆;三是西安工程大学内衣工程系开设内衣班时,此书被作为参考教材,2008年中国香港《文汇报》曾发表黄仲鸣的评论,文章说:"研究中国服饰史,只是研究表面衣裳;而不作深入探讨内衣的流变,实是学术史上的缺憾和遗憾。"

中国史书上有官修的《舆服志》,除了提及官服内穿中单,几乎没有内衣的记载。内衣客观存在,却又讳莫如深,作一本内衣史专著的难度可想而知。在高春明老师的序言中已有说明,他们为了查找清宫旧藏的《燕寝怡情》内衣图像,需要公安局等部门盖十几个公章。而在野史笔记、世情小说,尤其是艳情小说中却有大量的内衣记载,图像更是保留在春画中。但是以前这些都是禁区。

我早年跟从导师徐仲涛教授学习文化史,并研究明清小说。1989年研读足本《金瓶梅》,从服饰角度考证《金瓶梅》的时代背景,进而研究中国服饰史。因为有服饰史与《金瓶梅》的研究基础,这样就注意到世情小说中内衣的文献,也写了《金瓶梅中女子内衣》等文章。研究中发现影星阮玲玉是民国义乳的率先使用者,在拙著《衣仪百年》中首次提出。《民国内衣束放之争》,

首发在《时代教育·国家历史》2008年第11期，被《文摘周报》《读者·乡土人文版》《今日文摘》《读书文摘》《半月选读》《羊城晚报》《宁波日报》等纸媒转载，网络转发更多；收入唐建光主编的《解禁——中国风尚百年》（金城出版社），《中国百年风尚》繁体字版（中国台湾龙图胜出版公司），在海峡两岸传播；文章又被N次抄袭发表，如今网络上关于民国内衣束放之争的文章、词条，很多没有署名，不少内容出自拙文。

撰写《中国内衣史》专著，仅收集资料就有10年之久，对比周汛、高春明老师当年遇到的困难，一点不少。

这次对《中国内衣史》进行了增订。删掉了原来的现代、当代、内衣秀三章，全书的时间上限从上古开始，下限为民国。隋唐一章增加了五代部分；原来宋辽金元一章分拆为两宋、辽金西夏蒙元两章，增加了金代、西夏部分；原来的明清一章分拆为明代、清代两章。所有章节都有增补。图片方面增加了新收集的图像。第一版有彩色图片和黑白线描图，新版请设计师黄沐天对线描图做了设色处理，只有《竹林七贤砖刻图》仍然保持黑白线描。

感谢华文出版社与责任编辑潘婕副编审，尽管内衣题材有一定市场，但是出版还是需要眼光与胆识的。这是继《旧时风雅》之后，我与华文出版社的第二次合作。还希望有第三次、第四次的合作。

二〇二四年四月二十三日
南京劳谦室
时值世界读书日